月子期
营|养|食|谱

萨巴蒂娜◎主编

中国轻工业出版社

卷首语

好好坐月子

坐不坐月子、如何坐月子，各种理论层出不穷，中西观念不停碰撞。而在我看来，女人是需要坐月子的，因为这个时期对女人的身体和心理都是一场重大的考验。只有认真对待、科学调理，才能保证身心的健康。

不管备孕再繁杂，怀孕再辛苦，都比不上孩子诞生之后，给一个家庭，尤其是新妈妈所带来的翻天覆地的改变。

一个小家伙的到来，让家中所有人充满欣喜、充满新奇，有的时候甜蜜愉快、有的时候手足无措……总之，每个人都在围着宝宝转。当把无限的爱都给了这个小家伙之后，可别忘了孕育他的伟大的妈妈啊。

坐月子，对于每个新妈妈来说至关重要，她除了与全家人一起忙碌外，也在独自承担着产后生理上、心理上的巨大变化，对于母乳喂养的妈妈们来说，更担负了一份别人无法替代的爱与责任。

这中间，需要新妈妈自我调节，还有新爸爸乃至整个家庭的陪伴、关爱、理解与呵护。至少，我要对新爸爸们说一句：为你爱的人下厨吧！疗愈身体，也抚慰她的情绪！我们这本菜谱书中的每道菜，相信都会是你不错的参考。

充足均衡的营养，不是大鱼大肉，也不是粗茶淡饭。这里头的门道，真是简单几句话说不完的。

这本书我们不仅推荐新妈妈阅读，也推荐新爸爸好好阅读。新爸爸要为新妈妈多担待一些，多准备一些可口的营养饭菜，共同迎接新生命所带来的幸福生活吧。

高欣茹

萨巴蒂娜
个人公众订阅号

萨巴小传：本名高欣茹。萨巴蒂娜是当时出道写美食书时用的笔名。曾主编过五十多本畅销美食图书，出版过小说《厨子的故事》，美食散文集《美味关系》。现任"萨巴厨房"主编。

敬请关注萨巴新浪微博 www.weibo.com/sabadina

目 录
CONTENTS

第 **1** 周

恢复新妈妈的元气

小米香蕉粥
16

苹果红枣银耳羹
18

滑嫩鸡蛋羹
20

玉米排骨汤
22

紫菜蛋花汤
23

清炒西蓝花
24

菠菜炒鸡蛋
25

菠萝炒鸡丁
26

肉末豆角
28

小炒猪肝
30

杏鲍菇炒肉
32

豌豆炒虾仁
34

营养三明治
36

双色馒头
38

鸡汤挂面
40

第2周

帮助新妈妈泌乳

第3周

滋养进补是关键

第4周

膳食均衡营养全

对新妈妈的叮咛…102

注意调节心情 / 多关注宝宝成长 / 饮食注意事项 / 新爸爸这样做…103

第5周

呵护肠胃益健康

第6周

辣妈身材吃出来

什锦大拌菜
170

黄瓜炒鸡蛋
172

排骨炖豆角
174

肉末蒸冬瓜
176

糖醋里脊
178

魔芋烧鸭
180

干烧笋丁大黄花
182

番茄鸡蛋饼
184

南瓜发糕
186

三鲜包子
188

计量单位对照表

1 茶匙固体材料 =5 克

1 汤匙固体材料 =15 克

1 茶匙液体材料 =5 毫升

1 汤匙液体材料 =15 毫升

初步了解全书

看着名字
就流口水

热量参考标识，热
量高低一目了然

需要用到的食材——列
举，要打有准备的仗

品尝菜肴既有情怀
也要吃出健康

时间、难
易度清楚
明了

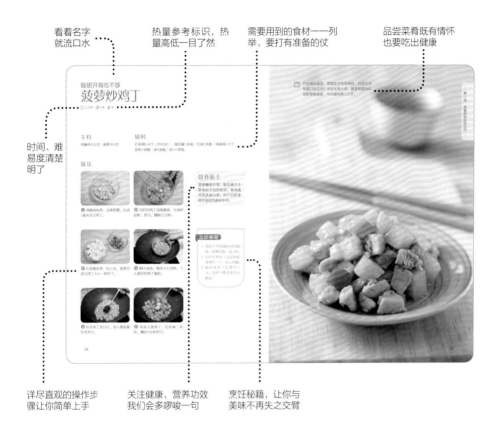

详尽直观的操作步
骤让你简单上手

关注健康，营养功效
我们会多啰嗦一句

烹饪秘籍，让你与
美味不再失之交臂

为了确保菜谱的可操作性，

本书的每一道菜都经过我们试做、试吃，并且是现场烹饪后直接拍摄的。

本书每道食谱都有步骤图、烹饪秘籍、烹饪难度和烹饪时间的指引，确保你照着图书一步步操作便可以做出好吃的菜肴。但是具体用量和火候的把握也需要你经验的累积。

书中部分菜品图片含有装饰物，不作为必要食材元素出现在菜谱文字中，读者可根据自己的喜好增减。

新妈妈小课堂 ▷

产后新妈妈身体
会出现的奇妙变化

生完孩子后，新妈妈身体会有一些变化，这些变化会帮助身体逐渐恢复正常。这期间，要注重饮食营养，多休息，保持好的心态，才能更好地迎接每一个特殊的瞬间。

分泌乳汁

产后几天内，乳房会自动分泌乳汁。初乳量少、色淡黄，让宝宝多吮吸，会促进乳汁分泌。慢慢地，乳汁会变多，同时乳房也会逐渐膨大，这时要穿宽松舒服的纯棉内衣。如果涨奶厉害，可用毛巾热敷，有一定的缓解作用，还可用吸奶器吸出多余的奶水，标上日期，放入冰箱冷冻起来，需要时，温热后供宝宝饮用。

出虚汗

生完宝宝2周内，新妈妈经常会出虚汗，衣服常被汗水浸得潮湿，这是排出体内多余水分的表现。可适当喝温开水促进新陈代谢。水分排出后，体重会有所下降，身材也能恢复不少。因此不必过分烦恼，这是产后正常现象。

子宫收缩

产后大约一个月内，子宫会慢慢收缩，回到怀孕前的状态。子宫收缩过程中，有的新妈妈会感到腹部绞痛，应多卧床休息，注意腹部保暖，很快就会度过这个阶段。

掉头发

生完宝宝后，一般都会气血亏损，产后半年内会出现大量掉头发的现象。等身体恢复好，脱发会逐渐变少，也会不断长出新头发。这期间可吃些黑芝麻糊等有助生发的食材。

排恶露

生完宝宝后，新妈妈会经历阴道持续出血的状态，即"排恶露"。一般情况下，三周左右可排干净，但也因人而异，有的人会短一些，有的人会超过三周。剖宫产比顺产排恶露的时间稍微长一些，如果超过7周还有恶露，最好去医院检查一下。为预防贫血，此期间可吃些红枣、红豆等补血的食材。

▍新妈妈产后 饮食原则

月子期的饮食尤为重要，不仅可帮助新妈妈调养身体，还可促进乳汁分泌。一定要根据身体状况补充营养，关注宝宝营养需求，科学调整饮食，这样才能坐一个完美的月子，养好身体，照顾好宝宝！

少食多餐

刚生完宝宝，新妈的胃肠功能弱，一餐吃太多可能会造成消化不良，可一天吃五六餐。少食多餐，更有利于身体吸收营养。

食物易消化

新妈妈卧床的时间会多一些，吃太油腻的食物不容易消化，加上产后可能会出现牙齿松动的现象，所以给新妈妈吃的食物尽量煮软一些，易咀嚼，好消化。

补充优质蛋白质

适当补充优质蛋白质，可为身体补充能量，有促进乳汁分泌的作用。生完宝宝1周后，可逐渐加一些大虾、鸡肉、鱼、牛奶等富含蛋白质的食物，对新妈妈身体恢复和乳汁分泌都有帮助。

膳食均衡

蔬菜和水果并非不能吃，反而是必须吃的，可为身体补充多种维生素和膳食纤维，对预防产后便秘有很大帮助。记住不要吃凉的水果，可用温水泡一下再吃，此外每餐都要吃一些蔬菜。

不可禁盐

月子期饮食应清淡，但不能没有盐，盐能增加饭菜的滋味，还能避免出汗过多造成身体电解质失衡。

坐月子不宜吃哪些食物？

并不是生完孩子就不用忌口了，月子期间身体虚弱，加上还要给宝宝喂奶，饮食上要比孕期更加注意，刺激肠胃或能造成回奶的食物就不能吃了。

寒凉食物

由于分娩消耗了大量体力，产后新妈妈的体质大多是虚寒的，月子期饮食应尽量以温补为主，可帮助身体更好地恢复。螃蟹等寒凉的食物不宜吃。吃寒凉食物易伤脾胃，会使产后气血不足，更难以恢复。

辛辣食物

辣椒等辛辣刺激类食物容易使新妈妈上火，还可能导致便秘，不利于产后身体恢复。母乳喂养的新妈妈如果吃辛辣食物导致上火，还会通过乳汁影响到宝宝，对宝宝不利。为了自身和宝宝健康，月子期饮食还是要以清淡为主。

可回奶食物

有一些食物有回奶作用，如大麦、韭菜等，母乳喂养的新妈妈尽量不要吃这些回奶食物。

滋补药材

月子期正常饮食就可以了，不宜大补、乱补。像人参、党参、黄芪等滋补药材还是尽量少吃，可能会有活血作用，增加产后出血，不利于身体恢复。

恢复新妈妈
的元气

对新妈妈的叮咛

生完孩子的第一周，对新妈妈来说最重要的是休息，保证充足的睡眠，身体才能更好地恢复。除了喂奶，其余时间让家人帮忙照顾宝宝。有以下几点叮咛，让你顺利度过第一周。

调整产后心情

刚生产完，看着身边可爱至极的宝宝可能会兴奋得睡不着，时不时盯着宝宝看来看去，这样会导致睡眠不足，影响产后恢复。产后第一周的宝宝和新妈妈都需要多睡觉，只有把身体养得棒棒的，才能更好地照顾宝宝，对不对？

少用电子产品

虽然现在是手机不离手的时代，但是坐月子期间一定要少用手机和一切电子产品，否则会影响睡眠和视力，不利于身体恢复。

饮食上不宜大补

产后确实需要补身体，但是第一周的饮食尽量以清淡为主，大补特补容易摄入过多油脂，可能会造成消化不良，甚至还可能会导致乳腺淤堵。

新爸爸这样做

多帮忙照顾宝宝，让新妈妈腾出更多的时间休息。学习做月子餐，做一些清淡的汤水和清补小菜给妻子补身体，抽时间多陪妻子聊聊天。新妈妈产后容易有情绪波动，这时候需要多陪伴，多安慰。

产后代参汤

小米香蕉粥

🕐 35分钟　🖐 简单　🔥 中

主料

小米100克

辅料

香蕉1根（约150克）

做法

❶ 小米用清水冲洗2遍备用。

❷ 香蕉去皮，切成约3毫米的薄片。

❸ 汤锅中加入约1500毫升水，大火烧开。

❹ 放入小米，用勺子搅拌几下，防止粘锅。

❺ 大火煮开，改为小火煮约25分钟至黏稠。

❻ 放入香蕉片，小火煮5分钟即可。

营养贴士

产后一般胃口不好，小米粥有很好的养胃滋补作用；香蕉可快速为身体补充能量，还能帮助肠胃蠕动，对缓解产后便秘有一定帮助。

烹饪秘籍

1. 淘米时不要用手搓，忌长时间浸泡，否则会造成营养流失。
2. 煮粥时水一次性加足，不可中途加水，否则会影响粥的口感。
3. 选择熟透的香蕉，煮出来的粥更加香甜。

对刚生完宝宝的新妈妈来说，小米粥是补虚养身的滋补品，有"代参汤"之美称，加入少许香蕉，口感更加香甜软糯，瞬间打开胃口。来上一碗补补身子吧。

浓甜润滑味道好
苹果红枣银耳羹

🕐 2小时　　👍 简单　　🔥 中

主料

苹果1个（约200克）：银耳1/2朵（约10克）

辅料

红枣10颗：冰糖50克

做法

❶ 银耳放冷水中泡发，中间需换两三次水。

❷ 取出冲洗一下，剪去根蒂，撕成小朵。

❸ 苹果洗净，去皮、去核，切小块，泡清水中防止氧化。

❹ 红枣用清水冲洗一下，一切为二，去除枣核。

❺ 汤锅中放入银耳，加约2000毫升水。

❻ 放入红枣，大火烧开，改小火煮约40分钟。

❼ 打开锅放冰糖、苹果块，继续小火炖煮15分钟。

❽ 盛出趁热享用。注意，月子里不宜喝凉的银耳羹。

营养贴士

红枣补气养血，苹果富含多种维生素，银耳滋补养身，这道甜汤对于产后补气血、滋养身体有很大好处。

烹饪秘籍

1. 干银耳颜色应该是淡黄色的，如果过白，可能是用硫黄熏过，不宜购买。
2. 干银耳最好用凉水或者不烫手的温水泡发，用开水泡会影响银耳的口感。

银耳羹味道甜美，很适合月子期间食用，能很好地补充水分，滋补身体，加入苹果和红枣，营养与口感双重升级。

光滑细嫩，入口即化
滑嫩鸡蛋羹

🕒 15分钟　🌶 简单　🔥 中

主料

鸡蛋2个

辅料

盐1克：生抽1/2汤匙：香油几滴

做法

❶ 鸡蛋打入碗中，加入与鸡蛋等量的温开水。

❷ 放入盐，用筷子将蛋液搅匀，过筛两次。

❸ 过筛后的蛋液慢慢倒入炖盅或小碗内。

❹ 炖盅盖上保鲜膜，用牙签在表面扎几个孔。

❺ 锅中水烧开，炖盅上锅，中火蒸10分钟左右。

❻ 取出炖盅，打开保鲜膜，放生抽和香油调味即可。

营养贴士

鸡蛋富含优质蛋白质，适当吃鸡蛋可补虚养身，有利于产后恢复。但鸡蛋也并不是吃得越多越好，以每天两三个为宜，吃太多会加重肠胃负担。

烹饪秘籍

1. 蒸蛋羹时放凉白开或不烫手的温开水，蒸出的蛋羹无气泡。
2. 蒸的时候要盖上保鲜膜或盖子，这样蛋羹表面才能细腻光滑。

如何蒸出一碗滑嫩无比的鸡蛋羹？这里面隐藏着一些窍门呢。按书中的步骤操作，保证百分百成功，爽滑鸡蛋羹轻松端上桌。

新手爸爸想为妻子煲汤，又没有太高超的厨艺，怎么办？那就来这道非常简单又超级美味的玉米排骨汤吧，食材本身的味道就很鲜美，只需加上少许盐，就能鲜到让你一口气喝两大碗。

喝的就是原汁原味

玉米排骨汤

⏱ 90分钟   🥄 简单   🔥 高

主料

猪小排400克；甜玉米1根（约300克）

辅料

料酒2汤匙；盐1茶匙

营养贴士

排骨汤可为新妈妈补充水分和营养，但是产后不适合喝太浓的肉汤，可能会造成乳腺淤堵。让宝宝多吮吸，新妈妈保持好的心情，才能更好地促进乳汁分泌。

做法

❶ 猪小排用清水冲洗几遍，洗至无血水。

❷ 甜玉米洗净，均匀切成几段。

❸ 凉水中放猪小排和1汤匙料酒，开大火煮开。

❹ 煮开即可关火，撇去浮沫，猪小排捞出备用。

❺ 锅中放入猪小排、玉米和1汤匙料酒，加没过排骨2指肚高的水。

❻ 大火煮开，改为小火煮1小时左右，放盐调味，即可享用。

烹饪秘籍

1. 焯排骨要用冷水，热水会瞬间使排骨肉质变紧，血水出不来。
2. 煲肉汤时最好出锅前再放盐，放得过早会使肉质变硬，影响汤的鲜美度。
3. 煲汤一定要一次性加足水，中途加水会使味道大打折扣。

最简单补钙汤品

紫菜蛋花汤

⏱ 10分钟　🍲 简单　🔥 低

📖 清清爽爽的紫菜蛋花汤，营养又美味，简单煮一煮，几分钟就出锅。

主料

紫菜5克：鸡蛋1个

辅料

虾皮5克：盐1克：香油几滴

营养贴士

紫菜和虾皮可为身体补充钙质，适当补钙对产后腰背酸痛、牙齿松动有一定缓解作用，也可提高乳汁质量，预防宝宝缺钙。

做法

❶ 虾皮用清水浸泡一下，再用水洗两遍备用。

❷ 鸡蛋打入碗中，用筷子均匀打散。

❸ 锅中加入约800毫升水，放入虾皮和紫菜大火煮开。

烹饪秘籍

1. 虾皮浸泡、清洗可去除一部分咸味。

2. 打蛋花时要开小火，缓缓倒入蛋液，做出的蛋花更漂亮。

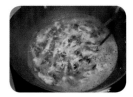

❹ 改小火，用筷子边搅拌边缓缓倒入蛋液。

❺ 蛋花浮起后立刻关火。

❻ 放入盐和香油，即可享用。

鲜嫩爽脆，清香爽口
清炒西蓝花

⏱ 10分钟　🍳 简单　🔥 低

📋 碧绿的西蓝花清脆爽口，原汁原味，搭配一碗清淡的粥，从视觉到味觉都是享受。

主料
西蓝花1棵（约350克）

辅料
盐1/2茶匙；大蒜2瓣；植物油2汤匙

营养贴士
西蓝花富含维生素C，可提高产后新妈妈的免疫力，其所含膳食纤维能促进肠胃蠕动，对产后便秘有一定缓解作用。

做法

❶ 将西蓝花切去根部，掰成小朵，清洗干净。

❷ 大蒜去皮，洗净、切碎备用。

❸ 锅中加水烧开，西蓝花放进去焯至变色捞出。

烹饪秘籍

1. 西蓝花焯水可使颜色更加漂亮，吃起来口感更爽脆。
2. 这道菜要大火快炒，口感好，营养流失也少。

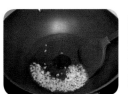

❹ 锅中加2汤匙植物油，放入蒜末爆香。

❺ 倒入西蓝花，大火快速翻炒约1分钟。

❻ 加盐翻炒均匀，盛出即可享用。

口感与营养兼得

菠菜炒鸡蛋

⏱10分钟 🥄中等 🔥中

📖 菠菜怎么做才好吃？今天教你一招，给菠菜焯水，去掉菠菜中一个叫草酸的家伙，这样吃起来就不会涩啦。搭配鸡蛋炒起来吧。

主料

菠菜400克：鸡蛋3个

辅料

盐1/2茶匙：油2汤匙

营养贴士

鸡蛋富含优质蛋白质，可补虚养身；菠菜富含铁元素，具有舒肝养血的作用，二者结合，对于产后身体虚弱的新妈妈有很好的滋补作用。

做法

❶ 菠菜去掉根部，洗净、沥水；鸡蛋磕入碗中，打散备用。

❷ 锅中加水烧开，放入菠菜焯至变色，捞出过凉水。

❸ 将菠菜挤干水分，切成约2厘米长的段。

烹饪秘籍

1. 菠菜焯水可去除大部分草酸，吃起来就没有苦涩味了。
2. 焯完水的菠菜要过凉水，才能保持翠绿的颜色。

❹ 锅中放油，烧至七八成热，倒入蛋液。

❺ 等蛋液表面凝固后，用筷子快速炒散。

❻ 放入菠菜段和盐，翻炒均匀即可出锅。

酸甜开胃吃不够
菠萝炒鸡丁

🕐 20分钟　🥄 中等　🔥 高

主料

鸡胸肉200克：菠萝200克

辅料

红彩椒1/4个（约10克）：番茄酱1汤匙：生抽1汤匙：鸡蛋清1/2个
淀粉1汤匙：油2汤匙：盐1/2茶匙

做法

❶ 鸡胸肉洗净，去掉筋膜，切成1厘米见方的丁。

❷ 切好的鸡丁加鸡蛋清、生抽和淀粉，抓匀，腌制几分钟。

营养贴士

菠萝酸甜开胃，能改善月子期食欲不佳的症状；鸡肉富含优质蛋白质，对产后的身体有很好的滋补作用。

❸ 红彩椒洗净、切小块，菠萝切成与鸡丁大小一样的丁。

❹ 锅中放油，烧至六七成热，下入浆好的鸡丁煸炒。

烹饪秘籍

1. 鸡肉可用鸡胸肉或鸡腿肉，鲜嫩好熟，易入味。
2. 切好的鸡肉丁加淀粉和蛋清抓一下，会比较嫩。
3. 煸炒鸡肉丁时要用小火，这样才能使里面也熟透。

❺ 炒至鸡丁变白后，加入番茄酱炒至均匀。

❻ 再放入菠萝丁、红彩椒丁和盐，翻炒2分钟即可。

产后身体虚弱，需要吃点有营养的，但是又没有胃口怎么办？试试水果入菜，菠萝和鸡肉的搭配酸酸甜甜，令你瞬间胃口大开。

一吃就停不下来
肉末豆角

⏲ 15分钟　🖐 中等　🔥 中

主料

豇豆300克 ┊ 猪里脊肉100克

辅料

大蒜2瓣 ┊ 葱白1段（约50克）┊ 油2汤匙 ┊ 生抽1汤匙 ┊ 盐1/2茶匙

做法

❶ 豇豆去掉两端，洗净，切成约2厘米长的段。

❷ 里脊肉切成肉末，大蒜去皮、切末，葱白切碎。

营养贴士

豇豆营养丰富，能调理肠胃，预防产后便秘，烹饪时一定要少油少盐，彻底做熟再吃。

❸ 锅中加适量水烧开，放豇豆段煮3分钟，捞出过凉水。

❹ 锅中放油，烧至五成热，放入葱蒜末煸炒出香味。

烹饪秘籍

1. 豇豆用开水煮一下，更容易炒熟，过凉水可保持其翠绿颜色。
2. 炒豇豆时要小火慢煸，把水分煸炒出来，口感才鲜香入味。
3. 豇豆可随自己喜好换成四季豆、扁豆等各种豆角。

❺ 放入肉末炒至颜色变白，加生抽翻炒均匀。

❻ 倒入豇豆段，加盐，小火慢煸至豇豆表面起皱即可。

里脊肉比较嫩，用来炒菜最合适了，豆角吸收了肉香，喷香扑鼻，开胃诱人，一吃就停不下来了。

补血补气，养肝明目
小炒猪肝

🕐 20分钟 🍳 高级 🔥 高

主料

猪肝300克 ┆ 胡萝卜1/2根（约80克）
黄瓜1/2根（约100克）

辅料

盐1/2茶匙 ┆ 淀粉1茶匙 ┆ 葱白1段（约50克）
油2汤匙 ┆ 生抽1汤匙

做法

❶ 猪肝洗净，切成约3毫米的片备用。

❷ 切好的猪肝片用清水多次冲洗，洗至水清澈。

❸ 猪肝加淀粉和一半盐，腌制10分钟。

营养贴士

猪肝中含有丰富的铁质，属于补血食材，刚生完宝宝的新妈妈气血不足，可适当吃一些猪肝来滋补身体。

❹ 将配菜洗净，胡萝卜和黄瓜分别切薄片，葱白切丝。

❺ 锅中放一半油，烧至五六成热，放猪肝大火炒至变色，盛出。

❻ 锅内放另一半油，烧至五成热，放葱丝煸炒出香味。

❼ 加胡萝卜和黄瓜，炒至胡萝卜片变软。

❽ 倒入猪肝，加生抽和另一半盐，翻炒均匀即可出锅。

烹饪秘籍

1. 猪肝片多次用清水冲洗，可使猪肝滑嫩无腥味。
2. 炒猪肝要大火快炒，炒至表面均匀变色就行，炒太久会变老。

新妈妈需要适当吃一些补血食材，猪肝就是不错的选择。但如果处理不好，很容易炒得又腥又老。这道菜教你如何将猪肝炒得又滑又嫩，来学学吧。

少油少盐，美味无比
杏鲍菇炒肉

🕐 15分钟　👐 中等　🔥 中

主料

杏鲍菇2根（约400克）：猪五花肉150克

辅料

小葱1根：盐1克：蚝油1汤匙：生抽1汤匙
老抽1/2茶匙：油1汤匙

做法

❶ 杏鲍菇、五花肉和小葱分别洗净备用。

❷ 杏鲍菇切成约5毫米厚的片，两面都划上十字花刀。

❸ 五花肉切薄片，小葱切碎，葱白和葱叶分开。

营养贴士

杏鲍菇含人体必需的多种氨基酸，能提高新妈妈的免疫力，其所含的膳食纤维对产后便秘有一定缓解作用。

❹ 锅中放油，烧至五成热，放葱白煸炒出香味。

❺ 加五花肉片，小火煸炒至出油、表面微微焦黄。

❻ 放杏鲍菇片，加蚝油、生抽和老抽。

烹饪秘籍

1. 杏鲍菇炒完会缩水，切厚点吃起来口感好。
2. 月子期饮食宜清淡，蚝油本身有咸味，所以要少放盐。

❼ 翻炒至杏鲍菇变软，加盐调味。

❽ 装入盘中，撒上葱叶碎即可上桌。

杏鲍菇吸收了肉的香气，吃起来比肉还好吃，用油少、口感好、味道棒！而且简单易上手，十几分钟就能做好，令人食指大动、垂涎欲滴。

翠绿清香，鲜嫩至极

豌豆炒虾仁

🕐 15分钟　🍴 中等　🔥 低

主料

虾仁300克 ┊ 豌豆150克

辅料

小葱1根 ┊ 玉米淀粉1/2茶匙 ┊ 盐2克 ┊ 生抽1/2汤匙 ┊ 油2汤匙

做法

❶ 虾仁用牙签挑出虾线，洗净，沥水备用。

❷ 虾仁中加1克盐和玉米淀粉拌匀，腌制5分钟。

❸ 小葱切碎，豌豆用清水冲洗一下。

❹ 锅中放适量水烧开，放豌豆煮约2分钟。

❺ 捞出，放凉水中过凉，沥干水备用。

❻ 锅中放油，烧至五成热，放入葱花，小火炒出香味。

❼ 放入虾仁，炒至表面均匀变红。

❽ 倒入豌豆，放1克盐和生抽，炒匀出锅。

营养贴士

豌豆富含多种维生素和矿物质，能提高免疫力；虾仁富含优质蛋白质，对产后新妈妈有很好的补益作用。

烹饪秘籍

1. 最好用鲜大虾剥虾仁，买的虾仁大多是冷冻的，口感差一点。
2. 虾仁提前腌制一下会比较入味，口感也更嫩滑。
3. 豌豆焯水可去除部分豆腥味，炒的时候也更容易熟。

清新翠绿的小豌豆，看着就招人喜欢，嚼起来软软糯糯，搭配上鲜嫩的虾仁，真是让人馋得流口水啊。

10分钟快捷早餐
营养三明治

🕙 10分钟　👨‍🍳 简单　🔥 中

主料

白吐司2片：鸡蛋1个：牛油果1个

辅料

沙拉酱1汤匙

做法

① 平底锅烧热，打入鸡蛋，小火煎至两面金黄。

② 取出煎好的鸡蛋，放入吐司片，小火煎至表面微焦。

③ 将牛油果对半切开，用勺子挖掉核。

营养贴士

吐司可为身体提供碳水化合物，补充能量；鸡蛋富含优质蛋白质，非常适合用于产后滋补；牛油果能美容护肤、缓解产后便秘。

④ 用勺子将果皮和果肉分离，将果肉均匀切成薄片。

⑤ 取一片吐司放在保鲜膜上，涂抹适量沙拉酱。

⑥ 铺上一层牛油果片，放煎蛋，再放一层牛油果片。

烹饪秘籍

1. 挑选牛油果：要选颜色发黑的，捏一下软硬合适，这种就是熟的。
2. 沙拉酱也可换成番茄酱，可根据自己的口味来选择。
3. 不喜欢牛油果的，也可换成黄瓜、番茄等蔬菜。

⑦ 挤上少许沙拉酱，盖上吐司片，用保鲜膜裹紧。

⑧ 拿锯齿刀从中间切开，开始享用吧。

千篇一律的早餐是不是有点吃腻了？来个不一样的清新西式早餐吧。10分钟就可搞定，一天的好心情从美好早餐开始。

馒头界的颜值担当
双色馒头

🕐 2小时　👐 中等　🔥 高

主料

面粉300克 : 紫薯100克

辅料

酵母粉4克 : 白砂糖10克

做法

❶ 紫薯洗净，去皮，切厚片，上锅蒸熟。

❷ 将蒸熟的紫薯用勺子压成细腻的泥，加白糖拌匀。

❸ 放至不烫手，加150克面粉、2克酵母粉、约50毫升清水，揉成光滑的面团。

❹ 接着做白面团：将剩余的面粉和酵母粉混合，加适量清水揉成光滑面团。

❺ 将揉好的两个面团放温暖处，发酵至2倍大。

❻ 取出发酵好的面团，排气，揉光滑，分别擀成约5毫米厚的大面片。

❼ 两个面片叠加在一起，从一端卷起来，切成10等份，两端的面团揉成圆馒头。

❽ 将馒头坯放入蒸屉中，再次发酵半小时，开水上锅，中火蒸18分钟，关火再闷3分钟，取出即可。

营养贴士

馒头富含碳水化合物，易消化吸收，可快速为新妈妈补充能量。馒头中含大量淀粉，血糖高的新妈妈要少吃。

烹饪秘籍

1. 做紫薯面团时，慢慢加水至无干面粉，再揉匀即可。
2. 两张面皮中间可抹点水，粘得会更紧。
3. 蒸好之后再闷几分钟，可防止馒头遇冷空气回缩。

在北方，馒头是餐桌上的主食，几乎每天都在吃。今天换个花样，用紫薯来点缀下普通的馒头，瞬间提升颜值和味道，大人孩子都爱吃。

最暖心的一碗面

鸡汤挂面

⏱10分钟　💗简单　🔥高

📖 身体虚弱、毫无胃口的时候，来上这么一碗鸡汤挂面，暖心暖胃又养身，把身体养得棒棒的，才能更好地照顾小宝贝。

主料

鸡汤1500毫升￤挂面100克

辅料

小油菜100克￤鸡蛋1个￤盐1克

营养贴士

产后身体虚弱，面条含有丰富的碳水化合物，能快速为身体补充能量，促进身体恢复。

做法

❶ 小油菜掰成一片片，洗净，沥水备用。

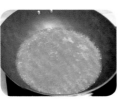

❷ 鸡汤放入锅中，大火烧开。

❸ 改为小火，把鸡蛋打入锅中。

❹ 待鸡蛋成形后，放入挂面。

❺ 煮至挂面无白心，加入小油菜。

❻ 待油菜变软，加盐调味，即可关火。

烹饪秘籍

1. 最好把鸡汤上面的油脂撇掉，月子里吃太多油脂，可能会造成乳腺淤堵。
2. 鸡汤本身有咸味，加盐前要尝一下咸淡，再根据自己的口味放盐。
3. 小油菜容易煮烂，口感更细嫩，如买不到，也可用普通油菜。

第**2**周

帮助新妈妈
泌乳

对新妈妈的叮咛

产后第二周，新妈妈的身体仍处于恢复阶段，应尽量多卧床休息，照顾宝宝的事情还是多由家人来代劳。有以下几点叮咛，希望能帮你愉快度过产后第二周。

120 mL

oz4 — 100

3 — 80

— 60

2 — 40

1 — 20

PP

保持心情愉悦

虽然经过了一周的休息，但身体还没有彻底恢复，还会忍受一些疼痛和不适，比如子宫收缩、刀口疼痛以及涨奶，加上卧床不能出去，新妈妈的心情可能会异常烦躁，这些都是必然要经历的过程，一定不要急躁，保持好的心情，才能给宝宝分泌更高质量的乳汁。看看身边可爱的宝宝，是多么让人开心的事情。

轻微的床边活动

虽然这个时候还是以休息为主，但也不能一直在床上躺着。适当在床边走动，有助于恶露排出，也有利于身体的恢复。

饮食丰富多样

饮食上种类要丰富，可为身体补充全面的营养；要补充一些清淡的汤水，可促进乳汁的分泌；食物尽量煮软一些，利于消化吸收。注意不要大吃特吃，跟孕期的饭量差不多就可以了，吃太多会造成体重增长过快。

新爸爸这样做

由于新妈妈坐月子，不能出去逛街玩乐，一下子会觉得失落很多。这时候的新爸爸除了要承担照顾宝宝的任务，还要多陪妻子聊天，把房间布置得温馨一些，适当送个礼物制造惊喜，做一些她爱吃的菜肴，这些都可以让新妈妈感受到你的爱，她一定会感到十分欣慰。

补血养颜，喝出健康
紫米红枣粥

🕐 3小时　🥄 简单　🔥 中

主料

紫米100克；大米80克

辅料

红枣8颗

做法

① 紫米淘洗2遍，用冷水浸泡2小时。

② 大米用清水淘洗2遍，沥水备用。

营养贴士

紫米和红枣具有补血益气的功效，大米可为身体补充能量。月子期间把气血调理好，对促进乳汁分泌有一定帮助。

③ 红枣洗净，切成两半，去核、切碎。

④ 汤锅中加约2000毫升水，大火烧开。

烹饪秘籍

1. 紫米不易煮熟，需要提前浸泡一下。
2. 煮好粥后再焖几分钟，可使粥更黏稠。

⑤ 放入紫米、大米和红枣碎，大火煮5分钟。

⑥ 改为小火煮40分钟至粥黏稠，盛出享用。

产后身体虚弱，要适当喝一些补血粥，滋补养身的同时还能益气养血。紫米红枣粥就是不错的选择。

醇香浓郁，健康好喝
奶香玉米汁

🕐 20分钟　🥄 简单　🔥 低

主料

甜玉米1根 : 牛奶250毫升

做法

❶ 甜玉米去掉皮和玉米须，清洗一下。

❷ 玉米均匀切成3段，用刀把玉米粒切下来。

❸ 玉米粒放入锅中，加入刚没过玉米粒的清水。

❹ 大火煮开，改为小火煮8分钟左右。

❺ 关火后稍微凉一下，连水倒入搅拌机，再倒入牛奶。

❻ 搅打成玉米糊状，过滤一下即可享用。

营养贴士

玉米中的膳食纤维能缓解产后便秘；适当喝牛奶可补虚养身，还有安神作用，能帮助改善新妈妈的睡眠。

烹饪秘籍

1. 喜欢口感粗一点的，也可不过滤。
2. 过滤时用勺子按压玉米糊，出汁会快一些。
3. 可根据自己的口味适当放点糖。

非常健康的自制饮品，无须加糖，满满的玉米香甜，
纯天然无添加，新妈妈可放心大口喝。

滋补养身，美容养颜
猪蹄花生汤

🕐 4小时　🍲 中等　🔥 高

主料

猪蹄1个（约500克）
花生仁100克

辅料

葱白3段（约50克）　料酒1汤匙　盐3克

做法

❶ 花生仁提前半天泡发，捞出，洗净备用。

❷ 猪蹄清洗干净，切成块。

❸ 汤锅中加冷水，放入猪蹄和料酒。

❹ 大火烧开后关火，撇去浮沫，捞出、洗净、沥水。

❺ 砂锅中加约2000毫升水，放猪蹄、花生仁和葱白段。

❻ 大火煮开，转小火炖约1.5小时，加盐调味即可。

营养贴士

猪蹄蛋白质含量丰富，能为身体提供更多能量，对泌乳有一定促进作用。但是也不要吃太多，吃过多油腻的食物可能会造成乳腺淤堵。

烹饪秘籍

1. 买猪蹄时可请店老板帮忙剁猪蹄，这样就省事多了。
2. 有时猪蹄上会有残留的猪毛，可用火烤或用刀刮掉。
3. 猪蹄焯水时，最佳要凉水下锅，能更彻底地去掉血水。

生完孩子后会经常喝各种汤，今天咱们来炖个猪蹄花生汤。炖完的猪蹄软糯美味，汤水鲜香不腻，满满的胶原蛋白，美容养颜又滋补。

轻松煮出奶白汤
鲫鱼萝卜汤

🕐 30分钟　🍳 中等　🔥 中

主料

鲫鱼1条（约350克）｜白萝卜200克

辅料

姜3片｜小葱1根｜油1汤匙｜盐1/2茶匙

做法

❶ 洗净鲫鱼肚子中的黑膜，控干水备用。

❷ 白萝卜洗净，切成稍粗的丝，太细易煮烂。

❸ 锅中放油，烧至五成热，加姜片煸出香味。

营养贴士

月子里吃白萝卜能顺气、缓解便秘；鲫鱼的肉质细嫩，是通乳的食物，对促进乳汁分泌有很好的效果。

❹ 放入鲫鱼，煎至两面呈金黄色。

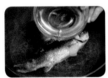

❺ 加开水，没过鲫鱼一指肚高，大火煮5分钟。

❻ 放萝卜丝，改为小火煮15分钟。

烹饪秘籍

1. 鲫鱼肚子中的黑膜一定要清洗干净，不然会很腥。
2. 油中放几片姜可增香，还能防止鱼粘锅。
3. 炖鲫鱼汤时加开水，可使汤迅速变奶白。

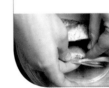

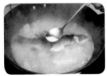

❼ 加盐调味，煮1分钟关火。

❽ 小葱切葱花，撒上葱花即可享用。

清脆爽口，开胃下饭

蒜蓉油麦菜

🕐 10分钟　🍳 简单　🔥 低

主料
油麦菜500克

辅料
大蒜3瓣：盐2克：油2汤匙

做法

❶ 油麦菜掰成片，洗净，切成约5厘米长的段。

❷ 大蒜剥皮，用刀拍碎，切成蒜末备用。

营养贴士

油麦菜中的维生素可提高新妈妈的免疫力；其所含的膳食纤维可促进胃肠蠕动，对缓解产后便秘有一定帮助。

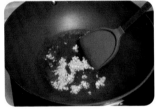

❸ 锅中放油，放一半蒜末，小火炒香。

❹ 油麦菜放锅中，大火快速翻炒。

烹饪秘籍

1. 炒蒜末时要小火慢煸，可使香气更好地挥发出来。
2. 油麦菜下锅后要大火快炒，可避免营养流失。

❺ 炒至油麦菜变软，加盐调味。

❻ 放入另一半蒜末，翻炒均匀即可出锅。

冰箱里最不能少的就是绿叶菜了，不知道吃什么的时候来上一把。清脆爽口的油麦菜，加少许蒜蓉，简单一炒，分分钟上桌。

最鲜美的滋味
海米烧冬瓜

🕐 10分钟　😊 简单　🔥 低

主料

冬瓜500克 ┊ 海米50克

辅料

小葱1根 ┊ 油2汤匙 ┊ 生抽1/2汤匙 ┊ 盐1/2茶匙 ┊ 白糖1克

做法

❶ 冬瓜洗净，去皮、去瓤，切成约5毫米的薄片。

❷ 海米用清水泡软，捞出备用；小葱切段。

营养贴士

新妈妈适当吃冬瓜，有清热去火、消除水肿的作用，还能促进胃肠蠕动，帮助排出体内毒素。

❸ 锅中放油，烧至五成热，放葱段和海米爆香。

❹ 放入冬瓜片，炒至边缘变透明。

烹饪秘籍

1. 冬瓜不宜切太薄，否则容易炒烂。
2. 海米也可换成虾仁，吃起来一样鲜美。

❺ 加盐、生抽和白糖，小火炒至冬瓜变软即可。

煮冬瓜时抓一把海米进去，瞬间变得美味无比，清新鲜美有滋味，吃下一大碗饭也没有问题！

月子餐也可以做得很漂亮，无须模具，就能把鸡蛋煎成太阳花的形状。给新妈妈一份不一样的早餐，让她一天的心情都美美哒。

阳光早餐，吃出好心情

太阳花煎蛋

🕙 10分钟　🔥 简单　🔥 中

主料

红彩椒1个（约200克）｜鸡蛋3个

辅料

盐1克｜油1/2汤匙

营养贴士

彩椒富含维生素C，可帮助新妈妈提高免疫力。鸡蛋的蛋黄具有滋阴补血的功效，吃鸡蛋有助于产后气血的恢复。

做法

① 红彩椒洗净、去蒂，注意要保持彩椒的完整。

② 取彩椒中间部分，切3个厚度约6毫米的彩椒圈。

③ 平底锅烧热，放油，均匀摆放上彩椒圈。

烹饪秘籍

1. 彩椒可选择自己喜欢的颜色，如黄色或绿色。
2. 鸡蛋两面煎会影响美观度，所以最后用加水的方式煮熟。

④ 将鸡蛋分别打入3个彩椒圈内，小火慢慢煎。

⑤ 煎至鸡蛋底面凝固，沿着锅沿加3汤匙水。

⑥ 在鸡蛋表面撒盐调味，水收干后即可盛出享用。

鲜嫩爽口吃不够
茭白炒肉

🕐 15分钟　🎖中等　🔥中

主料

茭白（去皮）200克：猪里脊肉100克

辅料

小葱2根：玉米淀粉1茶匙：盐3克
生抽1/2汤匙：油2汤匙

营养贴士

茭白具有清热利尿、活血通乳
的作用，有一定的催奶功效。
茭白性寒，脾胃虚寒的新妈妈
不宜多吃。

🖼 茭白除了油焖，还可以搭配肉丝一起炒，茭白爽
脆，肉丝滑嫩，一吃就上瘾，值得一试哦！

做法

❶ 里脊肉切丝，加玉米
淀粉和1克盐，抓匀腌制
几分钟。

❷ 茭白洗净，切成均匀
的细丝，小葱洗净、切
葱花。

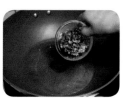

❸ 锅中放油，烧至五成
热，放葱花煸炒出香味。

❹ 放入肉丝，快速划
开，大火炒至肉丝变白。

❺ 倒入茭白丝，放生抽，
翻炒均匀。

❻ 炒至茭白变软，放2克
盐，炒匀出锅。

烹饪秘籍

1. 腌制和大火快
   炒，是使肉丝保
   持嫩滑的秘诀。
2. 可适当添加配
   菜，如胡萝卜或
   彩椒，使颜色更
   漂亮。

颜值高，味道好
肉馅蒸酿豆腐

🕐 25分钟　🥄 高级　🔥 中

主料

豆腐500克 ┆ 猪肉末200克 ┆ 香
菇3朵

辅料

盐1/2茶匙 ┆ 生抽1/2汤匙 ┆ 香油1/2茶匙
蚝油1/2汤匙 ┆ 水淀粉4汤匙

做法

❶ 豆腐切成3厘米见方的块，用
勺子将中间挖洞，不要挖透。

❷ 香菇洗净、切碎，与挖出来的
豆腐碎一起加入到猪肉末中。

营养贴士

豆腐富含蛋白质和多种微量
元素，新妈妈身体比较虚
弱，适当吃豆腐不仅能增强
体质，对宝宝的成长发育也
有好处。

❸ 肉馅中放生抽、香油和盐，朝
一个方向搅拌至上劲。

❹ 用勺子将肉馅酿入豆腐中，依
次摆入碟子上。

烹饪秘籍

1. 豆腐可换成豆腐泡，可
以塞更多的肉馅。
2. 最后勾个芡汁，可使这
道菜味道更鲜美，颜色
更漂亮。

❺ 放入烧开水的蒸锅中，大火蒸
约10分钟。

❻ 另起炒锅，放入蚝油和水淀粉
煮开，淋在豆腐上即可。

豆腐经过华丽变身，简单一蒸就能吃上，浓浓的豆香和肉香结合在一起，一口一个，实在是太过瘾了。

外酥里嫩，干香适口

莲藕肉丸子

⏱30分钟　👋中等　🔥高

主料

莲藕200克 ┊ 猪肉末300克

辅料

鸡蛋1个 ┊ 面粉100克 ┊ 小葱1根 ┊ 姜2片 ┊ 蚝油1汤匙
生抽1汤匙 ┊ 盐1/2茶匙 ┊ 油500毫升

做法

❶ 莲藕去皮、洗净，剁碎，小葱和姜切碎。

❷ 将切碎的食材全部放入猪肉末中。

营养贴士

猪肉可为新妈妈补虚强身，莲藕能缓解消化不良、便秘等不适。

❸ 磕入一个鸡蛋，把面粉放进去。

❹ 加蚝油、生抽和盐，搅拌至上劲。

烹饪秘籍

1. 加面粉有利于丸子成形，不松散，但不可加太多，否则会使口感变硬。
2. 复炸可使丸子外焦里嫩，炸1分钟左右就行。

❺ 锅中放油，烧至五成热，借助勺子团出肉丸子，放入油锅中。

❻ 炸至丸子浮起后捞出，再复炸一次即可。

清脆的莲藕加到肉丸中，香嫩中多了几分爽脆，口感更加丰富，还有解腻的作用。刚出锅的炸肉丸子金黄酥脆，咬上一口嘎嘣嘣，简直太诱人了。

记忆中最香的一锅肉

土豆炖牛肉

🕒 2小时　🖐 中等　🔥 高

主料

牛肉800克 : 土豆400克
番茄2个（约400克）

辅料

葱白3段 : 姜3片 : 大蒜2瓣 : 八角1个 : 香叶1片 : 冰糖10粒
生抽3汤匙 : 老抽1/2汤匙 : 盐1.5茶匙 : 油2汤匙

做法

❶ 牛肉切成2.5厘米见方的块，用清水冲洗几遍，洗去血水。

❷ 土豆洗净、去皮，切滚刀块，番茄洗净、切块。

❸ 牛肉块放冷水中煮开，撇去浮沫，捞出沥水。

❹ 锅中倒油，放入冰糖炒成焦糖色，放入牛肉块翻炒。

❺ 加葱、姜、蒜，炒出香味后，再放生抽和老抽翻炒均匀。

❻ 倒入没过牛肉2指肚高的热水，放八角和香叶。

❼ 大火烧开后改小火炖1小时，放土豆和番茄，加盐。

❽ 再炖半小时，至用筷子能轻松扎透牛肉，大火收汁即可。

营养贴士

牛肉中的蛋白质能增强身体抵抗力。牛肉还富含铁元素，可以预防新妈妈贫血。

烹饪秘籍

1. 炒糖色时要用小火，大火容易炒糊，味道会变苦。
2. 肉快熟的时候再放土豆，放太早就炖成泥了。
3. 盐不宜放太早，否则会使肉质变硬，影响口感。

总有一种味道，让你吃到就有家的感觉，这道土豆炖牛肉就是妈妈最拿手的菜。一开锅，鲜香四溢，绵糯适口的土豆，让人大快朵颐的牛肉，加上晶莹油亮的酱汁，一锅都不够吃。

香而不腻，越啃越上瘾
红烧鸡翅

🕐 30分钟　🖐 中等　🔥 高

主料

鸡翅中500克

辅料

小葱2根┊八角1个┊香叶1片┊生抽2汤匙┊老抽1茶匙┊冰糖5粒┊盐3克

做法

❶ 鸡翅洗净，两面切花刀；小葱洗净，切葱段。

❷ 平底锅烧热，将鸡翅中带鸡皮的一侧朝下，均匀摆入锅内。

营养贴士

鸡翅胶质含量丰富，常吃鸡翅可温中益气、润泽肌肤。鸡翅所含的蛋白质可为身体补充能量，有利于产后恢复。

❸ 小火慢煎至出油，翻面煎至两面焦黄。

❹ 放入所有的香料和调味料。

烹饪秘籍

1. 鸡翅切花刀，能更好地入味。
2. 一定要选用不粘锅，若使用普通锅需要放点油。
3. 收汁时要用铲子不停搅拌，使鸡翅上色更均匀。

❺ 加热水至刚没过鸡翅，大火烧开。

❻ 改为小火烧至汤汁剩约1/3，大火收汁即可。

鸡翅的做法有很多，这里给大家推荐一种超健康的做法，不放一滴油，就能做出好吃的鸡翅，颜色红亮，香而不腻。而且特别简单，零厨艺也能一次做成功。

口感丰富，越嚼越香
虾仁蛋炒饭

🕐 15分钟　🍳 简单　🔥 中

主料

虾仁150克：鸡蛋2个：米饭500克：黄瓜1/2根（约100克）：胡萝卜1/2根（约80克）

辅料

小葱2根：玉米淀粉1/2茶匙：料酒1茶匙：盐2克
生抽1汤匙：油3汤匙

做法

❶ 虾仁去虾线，洗净、沥水，加玉米淀粉和料酒腌制一下。

❷ 胡萝卜和黄瓜洗净，切成小丁，小葱洗净、切葱花。

❸ 鸡蛋磕入碗中，用筷子打散备用。

营养贴士

虾仁含丰富蛋白质，米饭含碳水化合物，可为新妈妈补充营养和能量，使身体快速恢复。

❹ 锅中放油，烧至七八成热，倒入鸡蛋液，定形后用铲子划开，盛出。

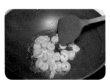

❺ 利用锅中的余油，放入虾仁滑炒至颜色变红。

❻ 接着放入黄瓜丁和胡萝卜丁，翻炒均匀。

烹饪秘籍

1. 虾仁腌一下有去腥的作用，加淀粉可使虾仁更滑嫩。
2. 炒鸡蛋时油温高一些，可使炒出的鸡蛋更加蓬松。
3. 配菜可根据自己的喜好进行调整，只要是自己爱吃的都可以。

❼ 倒入米饭炒散，把炒熟的鸡蛋倒进去。

❽ 加盐和生抽进行调味，放入葱花，炒匀出锅。

晶莹剔透惹人爱
水晶蒸饺

🕐 1小时　💛 高级　🔥 高

主料

澄粉150克｜玉米淀粉50克｜虾仁100克
猪瘦肉100克｜胡萝卜100克

辅料

小葱1根｜姜2片｜盐1/2茶匙｜香油1/2茶匙
料酒1汤匙｜生抽1汤匙

做法

① 胡萝卜洗净，一半切片，摆在蒸屉上备用，另一半切碎。

② 猪瘦肉剁成肉末；虾仁去虾线、切大块；葱姜切碎。

③ 将切好的食材放一起，加盐、香油、料酒和生抽，顺一个方向搅匀成馅料。

营养贴士

蒸饺富含碳水化合物、蛋白质和脂肪，可为新妈妈补充能量，有增强体质的作用。

④ 把澄粉和玉米淀粉混合，倒入开水，边倒边搅拌，搅拌至没有干粉为止。

⑤ 将面团揉至表面光滑，盖上保鲜膜松弛10分钟。

⑥ 将面团搓成长条，分成均匀的小剂子，盖上保鲜膜以防风干变硬。

烹饪秘籍

1. 面团风干会变硬，一定要全程盖上保鲜膜。
2. 饺子皮擀得越薄，做出的蒸饺越透明。
3. 饺子放胡萝卜片上蒸，可防止粘蒸屉，蒸熟可一起吃。

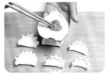

⑦ 取出小剂子，擀薄，放上馅料，包成饺子形状。

⑧ 将包好的虾饺摆放在胡萝卜片上，水开后，上锅蒸8~10分钟，至饺子皮透明即可。

晶莹剔透的蒸饺，光看着就让人垂涎欲滴，咬上一口更是味蕾的享受，每一口都能吃到大粒的虾仁，好吃到停不下来。

无须和面，轻松吃上

青菜鸡蛋饼

⏱ 15分钟　🥄 简单　🔥 高

📖 一把油菜，搭配上鸡蛋和面粉，拌一拌，煎一煎，无须和面就能轻松吃上。这道蛋饼鲜嫩美味，香气四溢，搭配一杯热牛奶，营养早餐吃起来。

主料

油菜200克｜鸡蛋2个｜面粉200克

辅料

盐2克｜油1汤匙

营养贴士

油菜可为新妈妈补充多种维生素，提高免疫力；鸡蛋可补充优质蛋白质，使身体尽快恢复。

做法

❶ 油菜掰成片，洗净后切碎备用。

❷ 将切好的油菜放面粉中，再打入鸡蛋，放盐。

❸ 加适量水，调成糊状，用勺子舀起可以自然流动为好。

烹饪秘籍

1. 油菜要切得碎一些，做出来的饼才会平整光滑。
2. 调制面糊时以勺子舀起能自然流动即可，不要太稀或太浓稠。

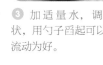

❹ 平底锅预热，放少许油，舀一勺面糊倒入锅内。

❺ 用铲子将面糊摊开，煎至一面定形后翻面，至两面都定形后取出。

❻ 用同样的方法把所有面糊煎完，卷起或切块食用。

第**3**周

滋养进补是
关键

对新妈妈
的叮咛

产后第三周，新妈妈已经喜欢上跟宝宝相处的时光了，身体也恢复了很多，刀口也不那么疼了，可以多一些精力照顾宝宝，也可以做一些简单的家务。陪伴宝宝的第三周需要注意什么呢？有以下几点叮咛，希望能助你享受月子中的点点滴滴。

关注新妈妈的心理健康

月子期是女人最脆弱的阶段，由于激素的急剧变化，新妈妈会变得比较敏感、烦躁，作为丈夫一定要多关爱妻子，不要觉得生孩子是天经地义的事情，那可是你心爱的女人用生命换来的爱情结晶，一定要多呵护妻子，聆听她的心声，尽最大努力让她开心。

多和宝宝交流

这时的宝宝已经可以和你对视，当你微笑地看着宝宝，或者轻轻呼唤他的乳名时，他会开心地看着你，有时会发出"啊啊"的声音来回应你，这是多么令人幸福啊。

吃催奶食物

随着宝宝长大，胃容量也在不断增大，有的新妈妈会觉得母乳不够吃，这时可适当吃一些催奶食物，如花生、猪蹄、牛奶等。多喝一些汤水，对乳汁分泌有一定促进作用。但是不要喝太油腻的汤，否则容易造成乳腺淤堵。

新爸爸这样做

保持室内通风及干净整洁，营造温馨的家庭氛围。把宝宝用到的尿不湿、奶粉或需要换的衣服放在妻子能方便拿取的地方，帮助新妈妈更轻松地照顾宝宝。

香气十足，滋补养胃
香菇瘦肉粥

🕐 40分钟　🤚 中等　🔥 中

主料

大米100克 ┊ 香菇2朵
猪瘦肉50克

辅料

盐1克 ┊ 生抽1/2汤匙

做法

❶ 香菇洗净、切丝，猪瘦肉切成肉丝。

❷ 肉丝中加盐和生抽进行腌制。

❸ 大米淘洗2遍，沥水备用。

❹ 汤锅中加入约1500毫升水，大火烧开。

❺ 下入大米，改为小火煮20分钟。

❻ 加香菇丝和肉丝，搅匀再煮5分钟即可。

营养贴士

哺乳期的新妈妈身体虚弱、胃口不好，而香菇比较鲜美，有很好的开胃作用，搭配肉末一起煮粥，对身体有很好的滋补功效。

烹饪秘籍

1. 也可用干香菇，味道会更加香浓，但需要提前泡发。
2. 出锅前可尝一下咸淡，可根据自己的口味再加盐。
3. 煮完的粥焖几分钟，可使粥更加浓稠。

新妈妈在月子中应多喝粥。粥品清淡易消化。喝腻了白粥，咱们来一道有肉的营养粥。用香菇搭配瘦肉一起煮粥，美味又营养，一碗热粥下肚，滋补又养胃。

补虚养身，强筋健骨
清炖乌鸡汤
🕐 2.5小时　🥄 中等　🔥 高

主料
乌鸡1只（约800克）

辅料
枸杞子5克 ┊ 红枣5颗 ┊ 盐1茶匙 ┊ 料酒2汤匙 ┊ 葱白3段

做法

❶ 乌鸡洗净，去掉鸡头，剁成小块。

❷ 锅中加凉水，放鸡块和料酒，大火烧开。

❸ 撇去表面浮沫，捞出，沥水备用。

❹ 把乌鸡块、枸杞子、红枣和葱白放入砂锅内。

❺ 加足量凉水，大火煮开后改为小火煲2小时。

❻ 加盐调味，即可盛入碗中享用。

营养贴士

坐月子补充营养十分重要，乌鸡富含优质蛋白质和多种微量元素，是补虚劳、养身体的上好佳品，用来煲汤滋补效果好。

烹饪秘籍

1. 乌鸡焯水时一定要冷水下锅，热水会一下子把血水封锁住。
2. 煲汤要一次性加足水，中途加水会影响汤的鲜美度。
3. 如果担心鸡汤太油，可以将浮在上面的油撇去再喝。

乌鸡营养丰富，适合产后滋补。新妈妈身体虚弱，加上要给宝宝喂奶，需要多喝一些滋补的汤水，能给身体补充水分和营养，对于乳汁的分泌有一定促进作用。

香醇润滑，鲜美可口
西湖牛肉羹

🕐 30分钟 　🍳 中等 　🔥 中

主料

牛里脊肉100克 ┊ 嫩豆腐100克
香菇3朵 ┊ 油菜50克

辅料

香菜1棵 ┊ 蛋清2个 ┊ 淀粉20克 ┊ 盐1/2茶匙
白胡椒粉1克 ┊ 香油少许

做法

❶ 香菇洗净、切碎，油菜和香菜洗净、切末。

❷ 牛里脊肉泡去血水，切成小粒；嫩豆腐切小丁。

❸ 淀粉加水调成水淀粉，蛋清打散备用。

营养贴士

此汤品可为身体补充多种营养。大部分新妈妈会遇到奶水不足的问题，要多喝汤，可以促进乳汁分泌。

❹ 牛肉粒放冷水中烧开，撇去浮沫，捞出。

❺ 锅中加约1500毫升水，放香菇和豆腐烧开。

❻ 水开后将牛肉粒放进去，用勺子把牛肉粒搅散。

烹饪秘籍

1. 用牛里脊肉比较嫩，焯水可使肉嫩汤清。
2. 调水淀粉时水可多一些，如果水淀粉太稠，下锅容易成疙瘩。
3. 蛋清倒入锅内时要不停搅拌，才能形成细小的蛋花。

❼ 将水淀粉和蛋清分别倒入锅中，边倒边用勺子搅拌。

❽ 加盐和白胡椒粉调味，放香菜末和油菜末略煮，滴入香油出锅。

这是一道江南传统名菜，轻轻搅动，汤面便若湖水般
轻轻荡漾。这么美味的汤羹，做法一点也不难呢。利
用常见食材，就能做出家庭版的西湖牛肉羹，可媲美
饭店的味道，不信你试试。

喝出好气色
花生红枣豆浆

⏱ 30分钟　🖐 简单　🔥 中

主料

红枣5颗 : 黄豆50克 : 花生仁30克

做法

① 黄豆和花生仁洗净，隔夜泡发。

② 红枣洗净，去核，剪成小块。

③ 把黄豆、花生仁和红枣放入豆浆机中。

④ 加清水至最高水位刻度处。

⑤ 盖上盖子，接通电源，选择五谷豆浆模式。

⑥ 听到"滴滴"声后，倒出豆浆，过滤后饮用。

营养贴士

红枣属于补气血的食物，花生可以增强抵抗力，两者一起做成豆浆，对改善产后身体虚弱、贫血等有很大帮助。

烹饪秘籍

1. 红枣本身有甜味，豆浆内无须再加糖。
2. 花生仁的红衣有补血的作用，尽量不要去掉。

做豆浆时抓几粒枣和一把花生仁扔进去，味道更香浓，营养更全面，有很好的补血养颜作用，让你轻松喝出好气色。

滑嫩爽口，味道香
丝瓜炒鸡蛋

🕐 10分钟　🥄 简单　🔥 中

主料

丝瓜1根（约400克）｜鸡蛋2个

辅料

小葱1根｜油3汤匙｜盐2克

做法

❶ 丝瓜洗净、去皮，切滚刀块备用。

❷ 鸡蛋磕入碗中打散，小葱洗净、切葱花。

营养贴士

鸡蛋可为身体补充蛋白质，增强体质。丝瓜有一定的通络作用，对促进乳汁分泌有一定帮助。

❸ 锅中放油，烧至七八成热，倒入蛋液。

❹ 待蛋液凝固后，用铲子快速滑散，盛出。

烹饪秘籍

1. 油温高一些，炒出的鸡蛋才更加蓬松。

2. 挑选丝瓜时用手捏一下，如果很结实就是新鲜的。

3. 丝瓜一定要去皮吃，带皮吃很影响口感。

❺ 利用锅中余油将葱花爆香，放入丝瓜块。

❻ 炒至变软后倒入鸡蛋，加盐，炒匀即可。

这是营养又清淡的一道菜，丝瓜滑嫩爽口，鸡蛋鲜香美味，只需加一点盐，味道就非常鲜美，天天吃都不腻。

口口脆爽，开胃下饭
清炒藕片

🕐 15分钟　🥄 简单　🔥 低

主料

藕1节（约400克）：泡发木耳
50克：胡萝卜1/2根（约60克）

辅料

葱白1段：大蒜2瓣：油2汤匙
盐1/2茶匙：白醋1/2汤匙

做法

❶ 莲藕洗净、去皮，切成厚约2
毫米的薄片，放清水中浸泡。

❷ 泡发木耳撕成小朵；胡萝卜洗
净，切菱形片；葱蒜切末。

❸ 锅中加适量水烧开，放木耳煮
1分钟，捞出沥水。

❹ 炒锅中倒油，烧至五成热，放
葱蒜末炒出香味。

❺ 放入藕片、木耳和胡萝卜，炒
匀，倒入白醋。

❻ 大火快速翻炒约30秒，加盐
翻炒均匀，出锅即可。

营养贴士

适当吃莲藕能帮助新妈妈清
热去火，还有很好的开胃解
腻作用。莲藕性凉，一次不
宜吃太多，否则对肠胃有一
定刺激。

烹饪秘籍

1. 切好的藕片放水中浸
泡，可防止氧化变黑。
2. 藕片要大火快炒，口感
才会更爽脆。

清脆爽口的莲藕，无论是凉拌、炒菜还是煲汤，都很美味。清炒藕片酸爽开胃，一吃就停不下来。

这是一道清爽可口的开胃小菜，山药口感清脆，木耳清淡爽口，简单一炒即可上桌，瞬间让你胃口大开。

健脾养胃，补血补铁
木耳炒山药

⏱ 15分钟　🍳 简单　🔥 低

主料

山药1根（约500克）；泡发木耳100克；红彩椒1/2个

辅料

油2汤匙；盐1/2茶匙；蒜片5克

营养贴士

木耳有补血作用，其所含膳食纤维能促进肠胃蠕动，对产后便秘有一定缓解作用；山药可健脾益胃，增强免疫力。

做法

① 山药洗净、去皮，斜刀切成厚约5毫米的片，泡在清水中。

② 泡发木耳去掉根部，撕成小片；红彩椒洗净，切小块。

③ 锅中放油，烧至五成热，加蒜片炒出香味。

④ 倒入山药片快速翻炒，加2汤匙清水防止粘锅。

⑤ 炒匀后放入木耳，继续翻炒约2分钟。

⑥ 倒入彩椒片，加盐调味，炒匀后出锅。

烹饪秘籍

1. 给山药去皮时可戴上一次性手套，防止接触到黏液引起手痒。
2. 山药含较多黏液，容易粘锅，炒时放点清水可有效避免。
3. 彩椒易熟，出锅前放入就行，放太早会变软，口感差一些。

最简单的烹饪方式

白灼芥蓝

🕙 10分钟　😊 简单　🔥 低

烹饪绿叶菜最简单的方式便是白灼了。将青菜置于开水中，焯去青涩，而清鲜的口感不减，再淋上酱汁，爽口的滋味流连于舌尖上，实在是一种味蕾的享受。

主料

芥蓝300克

辅料

蚝油1汤匙：生抽2汤匙：盐2克：白糖1克：花生油1汤匙：葱白1小段姜2片

营养贴士

芥蓝有微微苦味，可以刺激食欲，坐月子适当食用芥蓝可以改善胃口，促进消化。

做法

❶ 将芥蓝去掉老叶，用刀削掉根部老皮。

❷ 芥蓝洗净、沥水，葱白和姜切丝备用。

❸ 锅中倒入清水，加几滴油，烧开后放芥蓝余烫40秒。

烹饪秘籍

1. 芥蓝焯水时放几滴油，会使颜色更加翠绿漂亮。

2. 焯水后的芥蓝过凉水，吃起来更爽脆。

❹ 捞出，迅速过凉水，沥水后摆放在盘中。

❺ 锅中放花生油，烧至五成热，放葱姜丝煸炒出香味。

❻ 放蚝油、生抽、盐和白糖，煮沸后淋在芥蓝上即可。

厨房小白也能做成功

清蒸鲈鱼

🕐 30分钟　🖐 中等　🔥 中

主料

鲈鱼1条（约600克）

辅料

蒸鱼豉油2汤匙 ┊ 料酒1汤匙 ┊ 盐2克
姜5克 ┊ 香葱15克 ┊ 油2汤匙

做法

❶ 把鲈鱼清洗干净，捞出沥水，两面切花刀。

❷ 鱼腹内和表面抹上料酒和盐，腌制几分钟。

❸ 香葱和姜洗净，小葱切细长丝，姜切丝。

营养贴士

鲈鱼肉质鲜嫩，可为新妈妈补充优质蛋白质，使身体尽快恢复，是滋补养身、健脾益气的佳品。

❹ 姜丝塞入鱼腹内，葱丝一半摆在鱼身上。

❺ 将鱼放入烧开水的蒸锅中，大火蒸8分钟左右，再关火闷2分钟。

❻ 取出，倒掉碟子中的水，去掉鱼身上的葱丝。

烹饪秘籍

1. 买鱼时可请店家把鱼处理好，回家简单清洗下就行。
2. 500克左右的鱼大概蒸8分钟，可根据鱼的大小调整蒸制时间。

❼ 淋上蒸鱼豉油，摆上另一半葱丝。

❽ 起锅将油烧至冒烟，淋在香葱上即可。

鲈鱼肉质细嫩，刺也比较少，吃起来非常鲜美。最鲜美的食材就要用最简单的烹饪方式，方能保留住它的鲜味。清蒸是对鲈鱼最高的礼遇，做出来鲜嫩无比，做法超级简单，一下子就能学会。

鲜美嫩滑的诱惑
虾仁蒸蛋羹

🕐 15分钟　😊 简单　🌶 中

主料

鸡蛋3个 ┊ 虾仁6个

辅料

盐2克 ┊ 料酒1茶匙 ┊ 生抽1/2茶匙 ┊ 葱花少许

做法

① 虾仁洗净后用牙签挑去虾线，放料酒和生抽腌制一下。

② 鸡蛋打入碗中，加与鸡蛋等量的温开水，放入盐，搅匀。

③ 将鸡蛋液过筛两次，去掉表面的小泡泡。

④ 盖上保鲜膜，用牙签在表面扎几个小孔。

⑤ 放入烧开水的蒸锅上，中火蒸约8分钟至蛋液表面凝固。

⑥ 打开保鲜膜，把虾仁摆放在蛋羹表面。

⑦ 盖上保鲜膜，中火继续蒸五六分钟，关火。

⑧ 取出蛋羹，撒上葱花即可享用。

营养贴士

虾和鸡蛋都富含蛋白质。新妈妈给宝宝喂奶，会导致体内营养的流失，使免疫力下降，补充蛋白质可提高免疫力，增强体质。

烹饪秘籍

1. 蒸蛋羹时放温开水或凉白开，蒸出的蛋羹无气泡。
2. 鸡蛋和水的比例为1:1或1:1.5，这样做出的蛋羹比较滑嫩。
3. 蛋羹蒸熟后，可加少许生抽和香油调味后再吃。

月子餐肯定少不了鸡蛋羹，蒸蛋羹时放几个虾仁，营养和口感双重升级，口感柔滑细嫩，每天吃都不会腻。

超好吃的下饭菜
青椒炒肉片

🕐 15分钟　👐 中等　🔥 中

主料

青椒200克 ┊ 猪里脊肉150克

辅料

盐2克 ┊ 淀粉1/2茶匙 ┊ 生抽1汤匙 ┊ 油2汤匙 ┊ 蒜2瓣

做法

❶ 猪里脊肉切薄片，加淀粉和生抽抓匀，腌制5分钟。

❷ 青椒去根、蒂和子，洗净后切小块；蒜切末备用。

❸ 起锅倒油，烧至五成热，放蒜末煸出香味。

❹ 放入肉片，快速滑炒至里脊肉变色。

❺ 加青椒，翻炒至青椒表皮变色。

❻ 放盐调味，翻炒均匀即可出锅。

营养贴士

适当吃青椒可促进食欲；猪肉有很好的滋补作用，适合没胃口、身体虚弱时食用。

烹饪秘籍

1. 青椒一定要选不辣的，一般身形比较直的都不辣或微辣。
2. 里脊肉切薄一点容易炒熟，提前腌制一下，口感更滑嫩。
3. 喜欢吃肥肉的，可将里脊肉换成五花肉，吃起来更香一些。

嫩绿色的青椒清脆爽口，搭配鲜嫩的里脊肉，
简单一炒，一道快手下饭菜就搞定了。

肥而不腻，入口浓香
黄豆炖猪蹄

⏱ 2小时　🍳 中等　🔥 高

主料

猪蹄1个（约500克）｜黄豆100克

辅料

葱白2段｜姜3片｜大蒜3瓣｜八角1个｜香叶1片
冰糖10粒｜料酒1汤匙｜生抽1汤匙｜老抽1茶匙
盐1茶匙｜油2汤匙

做法

❶ 黄豆提前半天泡发，捞出，洗净备用。

❷ 猪蹄剁成约3厘米的块，洗去血水，沥干。

❸ 锅中加冷水和料酒，放入猪蹄，大火煮开。

❹ 撇去浮沫后捞出，再次用清水冲洗干净。

❺ 炒锅中倒油，烧至五成热，放葱姜蒜、八角和香叶炒香。

❻ 放入猪蹄，炒至表面微微焦黄，放生抽、老抽和冰糖炒至上色。

❼ 加没过猪蹄的水，大火烧开后加黄豆，改小火炖1小时。

❽ 放盐调味，再炖半小时，大火收汁即可。

营养贴士

黄豆富含植物蛋白，猪蹄富含胶原蛋白和脂肪，能为新妈妈补充能量，对乳汁分泌有一定的促进作用，还有很好的美容养颜功效。

烹饪秘籍

1. 买猪蹄时可请店老板帮忙剁好，回家再洗干净即可。

2. 焯猪蹄时要冷水下锅，可更彻底地将血水浸泡出来。

3. 不宜太早放盐，否则会使肉缩水变硬，影响口感。

猪蹄口感软糯，黄豆弹牙有嚼头，整道菜营养丰富，吃起来超香。啃一口猪蹄，再吃一口拌着汤汁的饭，别提多幸福了。

鲜香美味，肉质鲜嫩
红烧小公鸡

⏱ 2小时　🔪 中等　🔥 高

主料

小公鸡1只（约1000克）

辅料

生抽2汤匙｜老抽1/2汤匙｜葱白2段｜姜3片
八角1个｜冰糖15粒｜盐1.5茶匙｜油2汤匙

做法

❶ 买来的小公鸡清洗干净，剁成小块。

❷ 锅中加冷水，放小公鸡块，大火煮开，撇去浮沫，捞出。

❸ 锅中倒油，放葱姜和八角，小火煸炒出香味。

❹ 放入鸡块，翻炒至表面微微焦黄。

❺ 加冰糖、生抽和老抽，炒至鸡块上色。

❻ 沿锅边加没过鸡块的水，大火煮开。

❼ 改为小火炖1小时，加盐后再炖10分钟。

❽ 大火收汁后，即可享用。

营养贴士

公鸡比母鸡脂肪少一些，吃了不易发胖，且富含氨基酸和胶原蛋白，可补虚养身，增强体质，提高新妈妈的免疫力。

烹饪秘籍

1. 肉类焯水一定要冷水下锅，才能彻底去掉血水。
2. 喜欢用汤汁拌饭的，可省去收汁这步。

小公鸡肉质鲜嫩，脂肪少，蛋白质含量高，吃起来香嫩不塞牙，可很好地为新妈妈滋补身体，营养上比老母鸡一点都不差呢。

外皮暄软，内馅香甜
豆沙包

⏱ 2小时　👐 中等　🔥 高

主料

面粉250克　红豆沙250克

辅料

酵母粉3克

做法

❶ 酵母粉和面粉混合在一起，放入和面的盆中。

❷ 向面粉中缓缓加温水，边加边搅拌，直至所有面粉成絮状。

❸ 用手揉成光滑的面团，盖上盖子，放温暖处发酵至2倍大。

营养贴士

豆沙包富含碳水化合物，能为身体补充能量。红豆沙有利尿消肿、补气血的功效，对产后水肿有一定缓解作用，还能吃出好气色。

❹ 案板上撒少许干面粉，将面团揉光滑后搓成长条，分成15个剂子。

❺ 豆沙馅也均分成15等份，依次放在掌心揉圆。

❻ 剂子用手拍扁，豆沙馅放中间，包成圆包子形状，收口朝下揉圆。

烹饪秘籍

1. 夏天1小时内面团可能就发好了，冬天时间要长一些。
2. 豆沙馅可买现成的，超市和网上都有卖，也可自己炒制。
3. 蒸熟后再用余温闷几分钟，可防止豆沙包遇冷回缩。

❼ 包好的豆沙包放入铺了屉布的蒸屉中，发酵至2倍大。

❽ 蒸屉放入烧开水的蒸锅中，中火蒸15分钟，关火闷3分钟出锅。

咬开暄软的外皮，浓浓的红豆香扑鼻而来，吃上一口面面的豆沙，心瞬间被融化了。就像看见宝宝的微笑一样幸福，生活就是这样，甜并幸福着。

坐月子吃多了大鱼大肉，偶尔也要吃点粗粮，可均衡营养，帮助身体排出毒素，使身体更健康。

均衡营养一身轻
粗粮养生饭

⏱ 3小时　🥄 简单　🔥 高

主料

大米100克 ﹕红豆50克 ﹕紫薯2个（约150克）

辅料

紫米30克 ﹕小米20克

营养贴士

月子期间适当吃点粗粮能均衡营养，促进胃肠蠕动，对缓解产后便秘有一定帮助。

做法

❶ 紫米和红豆提前浸泡两三个小时，洗净，捞出沥水。

❷ 大米和小米放一起，用清水淘洗2遍，沥水备用。

❸ 紫薯洗净、去皮，切成1厘米见方的小块。

❹ 紫米、红豆、大米和小米放入电饭煲内，加水没过米约一指肚高。

❺ 放入紫薯，盖上盖子，选标准米饭模式。

❻ 到时间后再闷10分钟，盛入碗中即可享用。

第**4**周

膳食均衡
营养全

对新妈妈
的叮咛

产后的第四周，新妈妈基本可以全天下床了，可适当做一些轻松的家务，如叠衣服、扫地、煮奶瓶，但也要量力而行，感觉到累了就休息。有以下几点叮咛，希望能帮你更好地度过产后第四周。

注意调节心情

每天在家带娃，缺乏与外界的沟通和交流，有时会觉得抑郁和烦躁，适当听听音乐、看看书，让自己的心情好起来。生娃坐月子是人生必经的一个阶段，能24小时陪伴宝宝，也是很难得的珍贵时光。

多关注宝宝成长

宝宝比过去活跃了很多，听觉和视觉也完善了很多，能够听到声音时转过头去看，喜欢看一些鲜艳的颜色和熟悉的面孔，尤其是看到妈妈时会特别兴奋。每天抽一定时间抱抱宝宝，能让宝宝更有安全感，每次不要超过15分钟，否则宝宝容易疲惫。

饮食注意事项

月子中会吃很多肉类和鸡蛋，虽然滋补但是也要适量，蔬菜和水果也要吃一些，以保证营养均衡。喝汤时最好连肉一起吃，肉比汤有营养，能更好地滋补身体。

新爸爸这样做

虽然新妈妈可以下地做一些家务了，但是身体还是比较虚弱，适当帮妻子分担一些家务，让她有更多精力照顾宝宝。给妻子做菜时，尽量营养均衡，让她每天摄入不同的营养，适当煲汤，可促进乳汁的分泌。

安心养神，补血养颜
红豆小米粥

⏱ 40分钟　🥄 简单　🔥 中

📖 小米粥是新妈妈的滋养佳品，但经常喝小米粥未免有些单调，抓一把红豆放进去，口感更丰富，还有很好的补血作用，能使新妈妈的气色越来越好。

主料

小米100克∶红豆50克

营养贴士

小米粥健脾养胃，红豆补气养血，二者结合，便是一道很滋补的补血养胃粥。

做法

❶ 红豆洗净，提前半天浸泡好，捞出沥水。

❷ 小米用清水冲洗2遍，沥干水备用。

❸ 电饭煲加入约1500毫升水，放入小米和红豆。

❹ 按煲粥键，程序结束后再闷10分钟，盛出享用。

烹饪秘籍

1. 红豆较硬，需提前浸泡，可快速煮透。
2. 淘米时不要用手搓，会造成营养流失。
3. 煲好的粥再闷几分钟，可使粥更加黏稠。

哺乳期的甜品皇后
牛奶炖木瓜

🕐 30分钟　🥄 简单　🔥 中

生完宝宝后，每天被汤水围绕，喝腻了各种肉汤，来道好喝又养颜的甜品吧。食材家常，做法简单，新妈妈可经常喝，对乳汁的分泌有一定促进作用。

主料

木瓜1个（约500克）：牛奶500毫升

辅料

冰糖8粒

营养贴士

新妈妈喝牛奶有利于补充蛋白质和钙质，木瓜有促进乳汁分泌的作用，是很适合哺乳期食用的一道甜品。

做法

❶ 木瓜去皮、去子，洗净，切成约1厘米见方的小块。

❷ 木瓜块分别放入2个小炖盅内，再放入冰糖。

❸ 炖盅盖上盖子，放烧开水的锅中蒸15分钟。

❹ 取出倒入牛奶，再入锅中蒸5分钟即可。

烹饪秘籍

1. 若没有炖盅，可用深一点的碗代替。
2. 牛奶蒸热即可，蒸太久会流失营养。
3. 冰糖用量可依自己的口味酌情添减。

怎一个鲜字了得
蛤蜊冬瓜汤

🕐 1.5小时　✊ 中等　🔥 低

主料

蛤蜊300克┊冬瓜200克

辅料

盐1.5茶匙┊香葱1根┊料酒1汤匙┊姜3片┊香油少许

做法

❶ 盛一盆清水，放1茶匙盐，将花蛤放进去吐沙，泡大概1小时。

❷ 吐完沙的蛤蜊用清水冲洗干净表面，捞出沥水。

❸ 冬瓜去皮、去瓜瓤，用挖球器将冬瓜挖成球。

营养贴士

此汤有消肿利尿的作用，可帮助缓解产后水肿，快速恢复窈窕身材。这道汤偏寒，脾胃虚寒的新妈妈要少喝。

❹ 锅中放足量水烧开，下入姜片、料酒和蛤蜊，煮至蛤蜊开口，捞出。

❺ 另起锅，将煮蛤蜊的汤缓缓倒入锅中，底部带泥沙的汤汁倒掉。

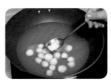

❻ 放入冬瓜球，加剩余盐，煮至冬瓜球呈半透明状。

烹饪秘籍

1. 如果是买的吐好泥沙的蛤蜊，回家清洗完就可直接烹饪。
2. 若没有挖球器，可将冬瓜切成块状或薄片。

❼ 再将蛤蜊放入锅中，大火煮开就可以关火了。

❽ 香葱切碎撒进去，滴入少许香油，即可盛出享用。

鲜美的蛤蜊，清香的冬瓜，加一锅水炖在一起，那种食材原始的味道，根本无须过多调味，都鲜美到令人难忘。

清脆甜嫩，简单易学

多彩蔬菜粒

⏱ 15分钟　🖐 简单　🔥 低

主料

甜玉米1根（约300克）
青豆60克

辅料

黄瓜1/2根（约80克）：胡萝卜1/2根（约50克）
盐1/2茶匙：油2汤匙：葱花3克

做法

❶ 甜玉米洗净，切成段，用刀将玉米粒切下。

❷ 胡萝卜和黄瓜洗净，切成与玉米粒大小相当的丁。

营养贴士

这道菜含多种蔬菜，可为新妈妈补充多种维生素，有增强体质、提高免疫力的作用。

❸ 青豆、玉米粒和胡萝卜丁放开水中煮约30秒，捞出。

❹ 锅中倒油，烧至五成热，放葱花爆香。

烹饪秘籍

1. 选用甜玉米，吃起来会更加清甜爽脆，普通玉米稍微差点。
2. 提前焯水可节约炒的时间，最大限度保持食材的颜色和口感。
3. 黄瓜丁要最后放，放太早会失去爽脆的口感。

❺ 放入玉米粒、青豆和胡萝卜丁，中火翻炒约3分钟。

❻ 放入黄瓜丁，加盐调味，炒匀出锅。

玉米的香、青豆的鲜、黄瓜的脆、胡萝卜的甜，汇聚于一勺之中，这是口感和味觉的双重享受，简直爽翻了！

鲜嫩爽脆，好吃看得见
胡萝卜炒芦笋

🕐 10分钟　🥄 简单　🔥 低

主料

芦笋250克 ┊ 胡萝卜1/2根（约50克）

辅料

大蒜2瓣 ┊ 植物油1.5汤匙 ┊ 盐2克

做法

❶ 芦笋和胡萝卜洗净，沥干水备用。

❷ 芦笋斜刀切成约5厘米长的段，胡萝卜切丝，大蒜切末。

❸ 锅中加水和几滴油，放入芦笋焯至翠绿，捞出过凉水。

❹ 炒锅中倒油，烧至五成热，放入蒜末小火煸香。

❺ 放入胡萝卜丝，小火煸炒至变软。

❻ 加芦笋翻炒约30秒，加盐调味即可出锅。

营养贴士

胡萝卜和芦笋富含膳食纤维、多种维生素，有助于提高免疫力，并能促进肠蠕动，改善便秘。

烹饪秘籍

1. 芦笋根部用手掰一下，如果掰不断就是老的，需将根部去除。
2. 焯芦笋时加几滴油，可使颜色更加翠绿，过凉水可使口感更爽脆。

每次看见芦笋都会忍不住买一把，爽脆的口感让人欲罢不能。直接下锅炒，口感会稍微差一点，炒之前只需多一个步骤，颜色会更漂亮，口感更鲜嫩爽脆，快试试吧。

第 4 周 膳食均衡营养全

111

越吃越爱的一道菜
苦瓜炒鸡蛋

🕐 10分钟　🥄 简单　🔥 中

主料

苦瓜1根（约150克）：鸡蛋2个

辅料

小葱1根：油2汤匙：盐2克

做法

❶ 苦瓜洗净后对半切开，去掉瓜瓤。

❷ 苦瓜切丝，小葱洗净、切葱花。

❸ 鸡蛋磕入碗中，放葱花，搅匀备用。

❹ 苦瓜丝放开水中焯30秒，捞出挤去水分。

❺ 炒锅倒油，烧至七八成热，倒入蛋液。

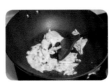

❻ 待蛋液凝固后，用铲子迅速划成小块。

❼ 放入苦瓜翻炒几下。

❽ 加盐调味，炒匀即可出锅。

营养贴士

很多新妈妈都会出现上火的症状，苦瓜可清热下火，新妈妈适量吃一些，能起到降火的功效，利于身体恢复。

烹饪秘籍

1. 苦瓜焯水可去除部分苦味，喜欢苦味的人可省去这一步。去掉苦瓜中的瓜瓤，也能减轻苦味。
2. 油温高一些，炒出的鸡蛋会更加蓬松鲜嫩。

新妈妈适当吃点苦瓜有清热去火的作用，但很多人都不爱吃，主要是它太苦了。只要处理得当，苦味会减轻很多，跟着我做，让不爱吃苦瓜的你从此爱上它。

酸甜开胃,下饭好菜
茄汁菜花

🕐 15分钟　🍳 中等　🔥 低

主料

菜花300克；番茄1个（约150克）

辅料

大蒜3瓣；生抽1/2汤匙；白糖1/2茶匙；盐1/2茶匙
油适量；淡盐水适量

做法

❶ 菜花切成小块，放入淡盐水中浸泡10分钟。

❷ 番茄顶部切十字花刀，用开水烫一下。

❸ 番茄去皮后切成小丁，大蒜拍碎、切末。

营养贴士

菜花含丰富的维生素C，能增强新妈妈的抵抗力，所含膳食纤维能促进胃肠蠕动，缓解产后便秘。

❹ 浸泡完的菜花洗净，放开水中焯1分钟，捞出。

❺ 炒锅中倒油，烧至五成热，放蒜末小火煸香。

❻ 放番茄丁，翻炒至软烂出汤汁，加生抽和白糖炒匀。

烹饪秘籍

1. 用淡盐水浸泡，可去除菜花中残留的农药。
2. 选用散菜花，口感会更脆一些，也更容易熟。
3. 番茄要选顶部圆润、红透的，吃起来口感好。

❼ 放入菜花，翻炒至菜花变软。

❽ 加1/2茶匙盐调味，炒匀即可出锅。

软嫩的菜花，裹满红亮的茄汁，吃起来酸酸甜甜，非常开胃下饭。有了它，可以多吃一碗饭。

地瓜的小资吃法
奶酪焗红薯

🕐 50分钟 🥄 中等 🔥 高

主料

红薯1个（约300克）

辅料

奶酪40克；黄油15克；淡奶油30克

做法

❶ 红薯洗净，无须去皮，对半切开。

❷ 放入蒸锅内蒸20分钟左右至熟透。

❸ 用勺子挖出红薯肉，周围留约5毫米厚度的红薯壳。

❹ 红薯泥中加黄油和淡奶油，搅拌均匀。

❺ 将搅拌好的红薯泥重新放回红薯壳内，表面抹平。

❻ 红薯上铺一层奶酪，烤箱预热180℃。

❼ 把红薯放入预热好的烤箱中层，烤10分钟。

❽ 烤至奶酪融化、表面出现金黄色焦痕时即可取出享用。

营养贴士

奶酪营养又补钙，对产后骨质疏松、牙齿松动有一定缓解作用，还能通过乳汁输送给宝宝，防止宝宝缺钙。红薯富含膳食纤维，能缓解产后便秘。

烹饪秘籍

1. 奶酪可用烤比萨的奶酪碎或超市买的片状奶酪。
2. 红薯本身比较甜，因此本菜没有放糖，你可根据自己口味适当添加。
3. 若没有烤箱，可用微波炉做，中火加热 3~5 分钟至奶酪融化即可。

红薯一般给人的印象是朴实的，这次来个小资吃法。用黄油和奶油调味，再赋予它一件华丽的奶酪外套，烤出浓浓奶香味，从口感和视觉上都是一种享受。

享受大口吃肉的快感
清炖狮子头

🕐 3小时　🎓 高级　🔥 高

主料

猪五花肉500克：藕100克

辅料

小油菜50克：鸡蛋1个：小葱1根：葱白3段
姜5片：料酒1汤匙：盐1茶匙：水淀粉2汤匙

做法

❶ 五花肉放冰箱冷冻30分钟，切成约3毫米厚度的薄片。

❷ 再切成3毫米粗的细丝，然后切成小肉粒。

❸ 藕洗净，去皮、切碎，小葱和2片姜切末备用。

❹ 肉粒中放入鸡蛋，再放莲藕末和葱姜末。

❺ 加盐调味，放水淀粉，用筷子朝同一方向搅拌均匀。

❻ 抓一把肉馅在两手之间摔打几十次，直到表面光滑。

❼ 把所有狮子头都做好，500克肉共做了5个。

❽ 砂锅坐水烧开，改小火，轻轻放入狮子头。

❾ 放入葱白段、3片姜和料酒，大火煮开后改小火炖1.5~2小时。

❿ 最后将小油菜焯水，放入砂锅中即可。

营养贴士

猪肉富含蛋白质和脂肪，可强身健体，有助于产后身体恢复。

烹饪秘籍

1. 五花肉冷冻一下，更容易切成薄片。
2. 最好选择肥三瘦七的五花肉，吃起来香而不腻。
3. 做狮子头最好自己切肉粒，口感松散，入口即化。
4. 莲藕也可换成荸荠、山药等口感爽脆的蔬菜。

相比红烧，我更喜欢清炖的狮子头，香嫩适口，肥而不腻，一口咬下去，超满足。一碗米饭搭配上狮子头，几片油菜，用汤汁拌匀米饭，给人满满的幸福感。

美味下饭不油腻
肉末烧茄子

🕐 15分钟　🖐 中等　🔥 中

主料

紫皮长茄2个（约400克）：猪肉末100克

辅料

大蒜3瓣：香葱1根：生抽1汤匙：油2汤匙：盐1/2茶匙

做法

❶ 茄子洗净、去蒂，切成约5厘米长的条状。

❷ 大蒜拍碎、切末，香葱洗净、切碎。

❸ 炒锅中放1汤匙油，放入茄条，小火煸软盛出。

❹ 再放1汤匙油，将葱花和一半蒜末爆香。

❺ 放入肉末炒散，加一半生抽炒至肉末熟透。

❻ 放茄条，加另一半生抽，翻炒均匀。

❼ 加盐调味，炒匀后撒上剩余蒜末即可出锅。

营养贴士

茄子富含维生素E和维生素P，有提高新妈妈抵抗力和抗衰老的功能。

烹饪秘籍

1. 茄子提前煸一下，炒时易熟，也能更好入味。
2. 炝锅时放一半蒜，出锅前再放一半，可使这道菜味道更鲜美。

茄子吸收了肉末的香气，鲜香入味，比大肉菜还好吃，而且用油少，吃起来一点都不油腻，看看怎么做的吧。

看了都流口水
红烧鸡腿

🕐40分钟 🍳中等 🔥高

主料

鸡腿4个

辅料

葱白3段：姜2片：大蒜2瓣：生抽1汤匙：老抽1茶匙：油2汤匙：盐1茶匙：冰糖8粒：料酒1汤匙

做法

❶ 鸡腿洗净，用牙签在表面扎一些小洞，方便入味。

❷ 将鸡腿冷水下锅，加料酒，煮开后撇去浮沫，捞出。

❸ 锅中倒油，放冰糖，小火炒至红棕色。

❹ 放入鸡腿，快速翻炒至裹上糖色。

❺ 加葱姜蒜和生抽、老抽，炒至鸡腿上色。

❻ 倒入水，刚没过鸡腿就行，大火煮开。

❼ 加盐调味，转小火炖20分钟。

❽ 大火收汁，即可盛出享用。

营养贴士

鸡肉中含有丰富的蛋白质和微量元素，能帮助新妈妈增强体质，恢复元气。

烹饪秘籍

1. 焯鸡腿时要冷水下锅，可更好地将血水煮出来。
2. 炒糖色时用小火慢炒，大火很容易炒煳，吃起来会苦。
3. 收汁时要不停翻拌，以免煳锅，也可使鸡腿上色更均匀。

颜色红亮的大鸡腿，光看着就会流口水，闻着一阵阵肉香，更是无法拒绝啊。在家做其实很简单，厨房小白也能轻松学会，再也不用去超市排队买了。

又滑又嫩特别香

青椒炒牛肉

🕐 15分钟　🍽 中等　🔥 高

主料

牛肉200克；青椒300克

辅料

盐3克；生抽1汤匙；料酒1茶匙；蛋清1/2个
淀粉1茶匙；大蒜2瓣；姜3克；油适量

做法

❶ 牛肉洗净血水，切成约3毫米厚度的薄片。

❷ 牛肉片中加料酒、蛋清和淀粉，抓匀，腌5分钟。

❸ 青椒洗净，去蒂、子，切成小块。

营养贴士

青椒可开胃助消化；牛肉富含优质蛋白质，有益气补血、强筋壮骨的作用，很适合新妈妈滋补身体。

❹ 蒜拍碎、切末，姜切丝备用。

❺ 锅中倒油，烧至五成热，放姜蒜煸出香味。

❻ 放入牛肉片，开大火快速滑炒至变色。

烹饪秘籍

1. 青椒一定要选不辣的，月子期吃辛辣食物易引起上火。
2. 切牛肉时，刀与肉的纹理互相垂直，这样切出来的牛肉口感嫩。
3. 腌制牛肉的步骤最好不要省略，不然炒出的牛肉会柴一些。

❼ 将青椒块放入锅中，加生抽翻炒至变软。

❽ 加盐调味，炒匀后即可出锅享用。

牛肉嫩滑多汁，青椒脆爽，比饭店做的还香，吃起来还不会塞牙，简单几下，美味就上桌了。

一口一个超过瘾
鲜肉小馄饨

🕐 30分钟 🍳 中等 🔥 高

主料

馄饨皮250克｜猪梅花肉200克
鲜香菇5朵

辅料

小葱30克｜蛋清1/2个｜生抽1汤匙｜盐2克｜香油1茶匙

做法

❶ 猪梅花肉剁碎，香菇洗净、切碎。

❷ 小葱洗净、切碎末，留少许葱花出锅时用。

❸ 猪肉末和香菇碎混合，放小葱碎、蛋清、生抽、盐和香油。

❹ 顺着一个方向用筷子搅至肉馅上劲。

❺ 馄饨皮中放少许肉馅，包成自己喜欢的形状。

❻ 水烧开，下馄饨煮至浮起，再煮两三分钟，撒葱花即可。

营养贴士

新妈妈身体虚弱，吃馄饨可补充碳水化合物和蛋白质，有很好的滋养作用，有利于产后身体恢复。

烹饪秘籍

1. 梅花肉有少许肥肉，肉质较嫩，吃起来香而不腻。
2. 包馄饨时不宜放太多肉馅，否则皮容易破，也不易煮熟。
3. 在馄饨皮边缘抹少许清水，会很轻松地将皮粘住。

小馄饨肉质鲜嫩，营养丰富、好消化，作为早餐、晚餐或加餐都是不错的选择。上锅煮一煮，分分钟就能吃上。

难以抗拒的紫色诱惑
紫薯馒头

⏱ 2小时　🍳 中等　🔥 高

主料
去皮紫薯150克 ｜ 面粉300克

辅料
牛奶100毫升 ｜ 白砂糖15克 ｜ 酵母粉3克

做法

❶ 紫薯放蒸锅中蒸熟，用筷子能轻松穿透就熟了。

❷ 趁热把白糖加入紫薯中，用勺子压成泥。

❸ 紫薯泥中加面粉和酵母粉，搅拌均匀。

❹ 将牛奶慢慢倒进去，边倒边搅拌至无干面粉。

❺ 揉成光滑的面团，放置温暖处发酵至2倍大。

❻ 案板上放少许干面粉，取出面团揉光滑。

❼ 将面团搓成长条，均匀分成10等份，揉成圆馒头。

❽ 馒头放入蒸屉中，放温暖处醒发15分钟。

❾ 将蒸屉放入烧开水的蒸锅中，大火蒸20分钟。

❿ 关火后闷3分钟，取出紫薯馒头，即可享用。

营养贴士

紫薯中含有丰富的硒元素和花青素，有助于增强人体抵抗力，同时还有很好的通便作用，很适合新妈妈食用。

烹饪秘籍

1. 要将紫薯泥压得细腻一些，做出的馒头才会光滑。
2. 不同的面粉吸水性不同，可自行调整牛奶的用量。
3. 紫薯也可换成红薯、南瓜等蔬菜。

紫薯那抹梦幻的紫色，让人爱得着迷，把紫薯泥揉进面团中，看着一个个紫色馒头，美轮美奂，漂亮得让人舍不得吃。

快手营养早餐
葱香鸡蛋饼

🕐 15分钟　👣 简单　📶 高

📖 一把香葱，两三个鸡蛋，一碗面粉，只需十几分钟，就能做出又香又软的鸡蛋饼，这是家庭版的营养早餐，是外面买不到的味道。

主料

面粉150克：鸡蛋3个：香葱30克

辅料

盐2克：油1汤匙

营养贴士

鸡蛋饼富含碳水化合物和蛋白质，可为新妈妈补充能量，提高身体抵抗力。

做法

❶ 香葱洗净，切成末。

❷ 面粉放入大碗中，加香葱末和盐。

❸ 打入鸡蛋，用筷子搅拌均匀。

❹ 加清水搅拌成糊状，用勺子舀起来呈流线状为佳。

❺ 平底锅刷少许底油，舀一勺面糊倒入锅中间。

❻ 慢慢转动锅，使面糊均匀铺满锅底。

❼ 小火慢煎至饼的边缘翘起，翻面稍煎一下即可出锅。

❽ 平底锅再次刷油，依次把所有饼煎完。

烹饪秘籍

1. 如果买不到香葱，可用小葱代替，但香气没那么浓郁。
2. 调好的面糊最好静止几分钟再做，会更加光滑有韧性。

第**5**周

呵护肠胃
益健康

对新妈妈
的叮咛

产后第五周，大部分新妈妈能恢复正常活动，此时不用整天在室内休养了，可适当到外面走走，呼吸不新鲜空气。有以下几点叮咛送给你，希望能帮你做好日常护理。

淋浴水温要适宜

淋浴比盆浴要卫生，新妈妈最好选用淋浴，特别要注意调节好水温，不可太烫也不可太凉。在浴室内要严防寒气趁虚而入。洗完澡要立即擦干全身和头发，并将头发吹干，防止感冒。

衣着宽松舒服

新妈妈常常出汗较多，汗渍、奶水等容易弄脏衣物，所以应经常洗澡及勤洗勤换衣服，穿衣以宽松、舒适为度，质地以纯棉为主。

饮食要点

随着宝宝的长大，对母乳的需求量也会变得更多，适当吃些含有丰富蛋白质的食物，可促进乳汁的分泌。

新爸爸这样做

月子期不宜有性生活，否则容易造成感染，不利于妻子身体健康，最好是产后42天以后再恢复性生活。关掉电视，放下手机，多跟妻子沟通，多帮忙带宝宝，不要把带娃的事情留给妻子一个人。

最滋补的一碗粥
鲜嫩鱼片粥

⏱ 40分钟　🍳 中等　🔥 中

主料

大米150克 ┊ 鱼肉150克

辅料

生菜50克 ┊ 姜2片 ┊ 香葱1根 ┊ 盐2克 ┊ 料酒1茶匙

做法

1 鱼肉洗净，切成厚度约3毫米的薄片。

2 生菜洗净、切丝；姜切丝，香葱切葱花。

3 鱼片加姜丝、盐和料酒腌制半小时。

营养贴士

产后喝粥，滋补养胃易消化。鱼肉含有丰富的蛋白质，能增强新妈妈的体质，有效促进乳汁的分泌。

4 大米用清水淘洗2遍，沥水。

5 汤锅中加约1500毫升水烧开，放大米。

6 大火煮开后，改小火煮25分钟，放入鱼片。

烹饪秘籍

1. 尽量用刺少的鱼肉，肉厚刺少的鱼肉都可以用。
2. 鱼片很容易熟，煮太久会烂，变色后就熟了。
3. 这道粥放盐较少，味道会淡一些，口味重的可酌情加盐。

7 用筷子轻轻将鱼片分开，煮至鱼片变白就熟了。

8 放入生菜丝，拌匀后关火，撒葱花即可盛出享用。

经常喝白粥未免有些单调，加点鱼片和生菜，瞬间变得鲜嫩美味、超好喝，连喝两碗都不过瘾。

滋养肠胃, 益智补脑
南瓜核桃浓汤

⏱ 20分钟　🖐 简单　🔥 中

主料

南瓜300克：牛奶250毫升
核桃仁50克

辅料

淡奶油30毫升

做法

❶ 核桃仁用开水浸泡几分钟,
去皮。

❷ 南瓜去皮、去瓤, 切成厚片。

营养贴士

南瓜中含有丰富的膳食纤
维, 可以有效预防和缓解产
后便秘。核桃益智补脑, 对
产后健忘有一定的改善作用。

❸ 南瓜片上锅蒸约15分钟至熟。

❹ 将蒸熟的南瓜和牛奶放入料理
机中。

烹饪秘籍

1. 用颜色偏红的南瓜, 做
出的浓汤颜色更漂亮。
2. 南瓜本身比较甜, 因此
没有加糖, 喜欢甜口的
可适当加点。

❺ 再放淡奶油和一半核桃仁, 打
成糊状。

❻ 盛入碗中, 加剩余核桃仁装饰
即可。

一块南瓜加上一把核桃仁，加上牛奶，就能做出好喝的南瓜浓汤，比豆浆香甜太多，做起来一点也不难，零厨艺也能轻松做成功。

香浓可口，营养美味
花生芝麻糊

🕐 1小时　🍴 简单　🔥 中

📋 别再买芝麻糊了，自己做的更香浓、更好喝，无任何添加剂，喝着更放心，只要家里有豆浆机就能做出来。

主料
花生仁80克；黑芝麻50克

辅料
糯米50克

营养贴士
花生有催乳的功效。黑芝麻有补钙、乌发的功效，对产后脱发有一定改善作用。

做法

❶ 糯米用清水淘洗2遍，沥水备用。

❷ 黑芝麻拣去杂质，放滤网中冲洗干净。

❸ 花生仁放锅中用小火炒至出香味，变成深红色，盛出去皮。

烹饪秘籍

1. 花生仁和黑芝麻一定不要炒过火了，炒煳会发苦，影响口感。
2. 黑芝麻也可换成白芝麻，也可买现成的熟芝麻。

❹ 黑芝麻开小火翻炒，炒至出香味，皮一捏就掉就熟了。

❺ 将花生仁、黑芝麻和糯米放豆浆机中，加1000毫升水。

❻ 按下"米糊"键，听到"嘀嘀"声后，即可倒出享用。

喝出逆天好身材

火龙果
猕猴桃汁

🕐 10分钟　🍴 简单　🔥 低

这是颗粒感十足的一款果汁，酸甜适口。混合果汁能补充多种维生素，还有清肠排毒的作用。

主料

火龙果1/2个（约200克）　猕猴桃3个

营养贴士

此款果汁富含维生素C，能提高新妈妈的免疫力。其富含膳食纤维，可清肠排毒，有美容瘦身的作用。

做法

❶ 猕猴桃对半切开，用勺子沿内壁转一圈，取出果肉。

❷ 依次将所有猕猴桃果肉取出，切成小块。

❸ 火龙果对半切开，用勺子沿内壁将火龙果肉取出，切小块。

烹饪秘籍

1. 可以加适量蜂蜜进行调味。
2. 火龙果用白心或红心的都可以。
3. 水果可换成自己喜欢的种类。

❹ 将火龙果和猕猴桃放搅拌机内。

❺ 加凉白开，没过水果块即可。

❻ 启动搅拌功能，充分搅匀，倒出享用。

鲜嫩清脆，嫩滑无比
莴笋炒鸡蛋

🕙 10分钟　🥄 简单　🔥 中

主料

莴笋1根（约500克）：鸡蛋2个

辅料

油2.5汤匙：盐1/2茶匙：大蒜2瓣

做法

❶ 莴笋去皮，切掉根部，洗净。

❷ 将莴笋切成细丝，大蒜切片。

❸ 鸡蛋磕入碗中，打散备用。

营养贴士

莴笋能增进食欲，清热去火；鸡蛋富含蛋白质，可增强新妈妈的免疫力。

❹ 锅中放油，烧至七八成热，倒入蛋液。

❺ 待蛋液凝固后快速炒散，盛出。

❻ 用锅中余油将蒜片爆香。

烹饪秘籍

1. 莴笋很容易熟，炒太久会失去爽脆口感。
2. 挑选莴笋时要选叶子新鲜、腰杆挺直、皮薄的为佳。

❼ 放入莴笋丝炒软，倒入鸡蛋。

❽ 加盐调味，翻炒均匀即可出锅。

莴笋和鸡蛋的搭配，香喷喷还脆脆的，既增加了营养还丰富了口感，这么棒的家常菜，做起来吧。

最简单的水煮菜
鸡汤娃娃菜

⏱15分钟　🖐简单　🔥低

📋 清甜鲜嫩的娃娃菜适合用最简单的方式来烹饪，用鸡汤来煮娃娃菜，丰富了口感，也提升了营养价值，鲜美香嫩到家了。

主料
娃娃菜200克┊鸡汤800毫升

辅料
枸杞子10粒┊小葱1根┊盐少许

营养贴士
娃娃菜富含膳食纤维，有润肠通便的作用，可帮助排出毒素，有助于产后身材恢复。

做法

❶ 娃娃菜洗净，对半切开，顺着纹理切成条状。

❷ 枸杞子用温水泡软，小葱洗净、切碎。

❸ 锅中加鸡汤，大火煮开。

烹饪秘籍
1. 出锅前尝一下鸡汤的咸淡，再进行调味。
2. 枸杞子煮太久会烂，不宜放太早。

❹ 放入娃娃菜，小火煮至变软，加枸杞子。

❺ 尝下汤的味道，放盐调味。

❻ 撒葱花，即可出锅享用。

碧绿清爽，蒜香浓郁
蒜蓉空心菜

🕒 10分钟　💠 简单　🔥 低

📋 经过整个月子期的滋补，大鱼大肉吃得新妈妈有些发福了，适当吃点蔬菜，能帮助减脂瘦身，加上适当的运动，可使身材恢复得更好。

主料

空心菜400克

辅料

大蒜4瓣；盐2克；油2汤匙

营养贴士

新妈妈吃空心菜可以补充多种维生素，提高免疫力。空心菜还富含膳食纤维，能促进身体排毒和产后的体形恢复。

做法

❶ 空心菜择去老叶，洗净，切段。

❷ 大蒜去皮，拍碎，切成蒜末。

❸ 锅中倒油，烧至五成热，放一半蒜末煸香。

❹ 倒入空心菜，大火快速翻炒。

❺ 炒至叶子变软，加盐调味。

❻ 放另一半蒜末，炒匀出锅。

烹饪秘籍

1. 炒绿叶菜要大火快炒，口感好，营养流失少。

2. 分两次放蒜末，可使这道菜蒜香浓郁，味道棒。

做多少都不够吃
豆皮肉卷

🕐 30分钟　🖐 中等　🔥 中

主料

豆腐皮1张；猪肉末200克

辅料

蛋清1个；小葱1根；姜2片；生抽2汤匙；盐2克
蚝油1汤匙；白糖1/2茶匙；油1汤匙

做法

❶ 豆腐皮洗净，沥水，均分成八等份。

❷ 小葱洗净、切碎、姜切末备用。

❸ 猪肉末中放蛋清、葱姜碎、1汤匙生抽和盐，搅拌至上劲。

营养贴士

豆腐皮有很好的补钙作用，可防止产后缺钙；猪肉补虚养身，对新妈妈有很好的滋补作用。

❹ 取1片豆皮，在一端放上适量肉馅，卷起，封口处抹少许肉馅。

❺ 锅中倒油烧热，把包好的豆皮肉卷放入，封口向下。

❻ 小火煎至一面金黄，翻面再煎，两面都煎好。

烹饪秘籍

1. 若不喜欢吃肉，可换成素馅。
2. 肉卷用肉馅封口，不容易散开。
3. 小火焖煮时可翻面一次，上色更均匀。

❼ 加入没过豆卷一半的水，放1汤匙生抽、蚝油和白糖烧开。

❽ 盖上盖子，小火焖煮至汤汁收干即可。

这是特别好吃的一道菜，豆皮裹上肉馅，豆皮筋道，肉馅鲜嫩，香而不腻，做多少都不够吃。

简单美味，一学就会

清炖羊肉

⏱ 2小时　🥄 中等　🔥 高

主料

羊肉500克┊白萝卜300克

辅料

姜5片┊葱白5段┊料酒1汤匙┊香菜2棵
盐1茶匙┊胡椒粉少许

做法

❶ 白萝卜洗净，切滚刀块，香菜切段备用。

❷ 羊肉反复清洗干净，切成宽度约为3厘米的块状。

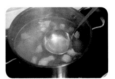

❸ 锅中加凉水和料酒，放羊肉块煮开，撇去浮沫，捞出。

营养贴士

羊肉肉质细嫩，容易消化吸收，适当吃羊肉可益气补虚，有助于提高免疫力。

❹ 砂锅中放羊肉、葱白段和姜片，加清水没过羊肉。

❺ 大火煮开，撇去浮沫，改为小火炖40分钟。

❻ 白萝卜块放入锅中，小火炖10分钟。

烹饪秘籍

1. 羊肉焯水可起到去腥去膻的作用，这个步骤不可少。
2. 羊肉要用小火慢炖才会酥软，大火会使肉质变老。

❼ 加盐和胡椒粉调味，再炖5分钟。

❽ 放香菜段，即可出锅享用。

这道菜肉色白嫩，汤色清亮，能最大限度保留羊肉独特的鲜香。加少许白萝卜有解油腻、去除膻味的作用，可使羊肉更好吃。

黄金搭档，软糯鲜嫩
板栗烧鸡块

⏱ 1小时　🔥 中等　🔥 高

主料

鸡1/2只（约500克）┊板栗250克

辅料

葱白2段┊姜2片┊大蒜3瓣┊盐1茶匙┊冰糖5克
生抽1汤匙┊老抽1茶匙┊油2汤匙

做法

❶ 用刀把板栗切小口，放开水中煮3分钟，捞出过凉水。

❷ 沿着刀口把外壳剥掉，去掉板栗上的内膜。

❸ 鸡洗净后切小块，放冷水锅中，大火煮开，撇去浮沫，捞出。

营养贴士

板栗的维生素含量丰富，产后食用可均衡营养；鸡肉富含优质蛋白质，能增强免疫力。

❹ 锅中放油，烧至五成热，放葱姜蒜炒香，放鸡块炒匀。

❺ 放生抽、老抽和冰糖，翻炒至均匀上色。

❻ 加没过鸡块的水，大火烧开，改小火炖30分钟。

烹饪秘籍

1. 板栗去壳还可采用微波法：板栗切小口，入微波炉中火加热3分钟，取出去壳。
2. 鸡块可换成鸡翅、鸡腿，不用改刀切了，更省事。

❼ 放入板栗，小火再炖20分钟。

❽ 加盐调味，大火收汁即可。

栗子软糯香甜，用它来烧制鸡肉，口感变得更加丰富，除了鸡肉原本的鲜嫩外，又多了一层清甜，味道超级棒！

意想不到的清新口感
西芹虾仁

🕐 15分钟　🍳 中等　🔥 低

主料

西芹350克：虾仁200克

辅料

大蒜2瓣：盐1/2茶匙：淀粉1/2茶匙：生抽1汤匙
料酒1茶匙：油2汤匙

做法

❶ 虾仁洗净，用牙签挑去虾线。

❷ 虾仁中加淀粉和料酒抓匀，腌制5分钟。

❸ 西芹择去叶子，撕去外层老纤维，洗净。

营养贴士

芹菜中的膳食纤维能促进消化，清肠排毒，有一定的减肥作用；虾肉可为身体补充优质蛋白质，增强体质。

❹ 斜刀将西芹切成小段，大蒜切片。

❺ 芹菜段放开水中煮1分钟，捞出过凉水。

❻ 锅中放油烧热，放蒜片煸出香味。

烹饪秘籍

1. 虾仁最好用鲜虾现剥，口感最佳。
2. 腌制虾仁有去腥作用，也可使其更滑嫩。
3. 西芹去掉外层的纤维，吃起来更加爽脆。

❼ 放虾仁，中火炒至全变红。

❽ 放入西芹，加盐和生抽，炒匀出锅。

脆嫩爽滑的西芹虾仁，既有虾仁的鲜香滋味，又有西芹的脆爽口感，吃在嘴里，双重享受。这意想不到的清新口感，让你一吃难忘。

外酥里嫩，酸甜开胃
茄汁带鱼

🕐 1小时　🍳 中等　🔥 高

主料

带鱼1条（约500克）

辅料

番茄酱2汤匙　料酒1汤匙　姜3片　大蒜2瓣
白砂糖1茶匙　淀粉2汤匙　盐3克　油500毫升

做法

❶ 带鱼洗净，切成约5厘米长的段；大蒜切末。

❷ 带鱼加料酒、1克盐和姜片，腌制半小时。

❸ 腌制好的带鱼表面均匀裹上淀粉。

营养贴士

深海鱼类含丰富的DHA，DHA是促进大脑发育的重要元素，可通过乳汁输送给宝宝，使宝宝更聪明。

❹ 锅内倒油，烧至六七成热，把带鱼放进去炸至金黄，捞出。

❺ 另起锅，加1汤匙油，放蒜末煸香，放入番茄酱一起炒。

❻ 加半碗水，放白砂糖和2克盐，大火煮开。

烹饪秘籍

1. 带鱼腌一下可起到入底味、去腥的作用。
2. 焖煮带鱼时翻面，能入味更均匀。

❼ 放入带鱼块，盖上盖子，小火煮5分钟，中间翻一次。

❽ 大火收汁，盛入盘中即可享用。

炸得外酥里嫩的带鱼，裹上酸酸甜甜的番茄汁，是令人难以抗拒的美味。酸甜开胃，香酥可口，把隔壁小孩都馋哭了。

不一样的饺子
蒸蛋饺

🕒 30分钟　🍳 中等　🔥 中

主料

鸡蛋4个 ┊ 猪肉末200克

辅料

小葱1根 ┊ 姜2片 ┊ 料酒1茶匙 ┊ 生抽1汤匙
老抽1/3茶匙 ┊ 盐2克 ┊ 油2汤匙

做法

❶ 小葱洗净、切碎，姜切末。

❷ 葱姜末放入猪肉末中，加料酒、生抽、老抽和盐。

❸ 搅拌均匀，顺着一个方向搅至上劲。

营养贴士

鸡蛋黄富含DHA和卵磷脂，能健脑益智，改善产后健忘症状；肉馅有滋补作用，可为新妈妈补充能量，增强体质。

❹ 鸡蛋磕入碗中，打散备用。

❺ 汤勺内刷层油，小火加热后放入1小勺蛋液，转动勺子形成蛋皮。

❻ 取适量肉馅放蛋饺皮一侧，将另一侧对折过来，用小勺按压一下封口。

烹饪秘籍

1. 做好的蛋饺可放冰箱冷冻，用来煮汤、煮火锅都可以。
2. 不要等蛋液表面太干再对折起来，内侧有蛋液可以粘合边缘。

❼ 取出，重复步骤5和6，依次把所有蛋饺煎好。

❽ 蛋饺放烧开水的锅中蒸8分钟，即可享用。

吃多了面皮包的饺子，咱们来个不一样的饺子。用蛋皮来包，吃起来更加鲜嫩可口，做汤或煮面时可放上几个。

颜值和营养并存
营养菠菜面

🕐 30分钟　🥬 中等　🔥 高

主料

菠菜80克｜面粉200克｜鸡蛋2个｜番茄1个

辅料

盐1/2茶匙｜油2汤匙

做法

❶ 菠菜洗净，番茄去皮、切小丁，鸡蛋磕入碗中打散。

❷ 锅中放适量水烧开，放菠菜焯30秒捞出，切成段。

❸ 菠菜放料理机中，加100毫升水，搅打成汁，过滤取菠菜汁备用。

❹ 往面粉中加菠菜汁，边加边搅拌，待面粉成絮状后，揉成光滑面团。

❺ 取出醒好的面团，擀成约2毫米厚的面片，切成宽度均匀的面条。

❻ 锅中放油，烧至七八成热，倒入蛋液，炒成鸡蛋块。

❼ 放入番茄丁，加盐，炒出汤汁即可关火。

❽ 另起锅烧开水，放入面条煮熟捞出，浇上番茄鸡蛋卤，拌匀即可。

营养贴士

面条容易消化，富含碳水化合物，能为新妈妈补充体力，增强免疫力。

烹饪秘籍

1. 菠菜焯水可去除草酸，吃起来更健康。
2. 和面时要慢慢加入菠菜汁，一次性倒入会掌握不好比例。
3. 可一次性多做一些生面条，放冰箱冷冻储存。
4. 煮面条时，水开后要倒入小半碗凉水，再次煮开即可。

用蔬菜汁做面条，颜色漂亮，吃着放心。一把菠菜，一碗面粉，就能做出一碗颜值高、味道好的面条。

剩米饭的华丽转身
紫菜包饭

⏱ 15分钟　🔥中等　🔥高

📓 吃不完的米饭用来做紫菜包饭，简单又美味，拌一拌、卷一卷就能吃上，厨房小白也能轻松学会。

主料

米饭180克：紫菜1张：鸡蛋1个：黄瓜1/2根：胡萝卜1/2根：肉松10克

辅料

寿司醋2汤匙：油1汤匙：盐1克

营养贴士

米饭富含碳水化合物，可为身体补充能量，能帮助新妈妈增强体质，提高抵抗力。

做法

❶ 鸡蛋加盐打散，放入热油锅中摊成蛋皮。

❷ 黄瓜和胡萝卜洗净、切条，蛋皮切丝。

❸ 寿司醋倒入米饭中，搅拌均匀。

❹ 寿司帘上放紫菜，平铺米饭，四周留点边。

❺ 米饭一端摆黄瓜条、胡萝卜条、蛋皮丝和肉松。

❻ 用寿司帘从放蔬菜的一端卷起，尽量卷紧实。

❼ 打开寿司帘，用刀蘸水，将寿司切成小段即可。

烹饪秘籍

1. 寿司醋与米饭的比例大概是1:6。
2. 卷的时候尽量压紧实一些，这样切完后不容易散。
3. 一定要用快刀来切，不然切出来不漂亮。

第 **6** 周

对新妈妈的叮咛

产后第六周，子宫完全恢复，手术后的伤口也感觉不到疼痛了，新妈妈终于可以回归正常生活，也可以进行产后瘦身了。但是也不要过度劳累和过度减肥，毕竟产后身体虚弱，需要很长一段时间才能彻底恢复，下面有几点叮咛送给你。

实施避孕
措施

产后，即使月经不来也有怀孕的可能，所以一定要做好相应措施。

适当锻炼
身体

经过整个月子期的滋补和卧床休息，身材难免会有些走样，适当做一些简易运动或瑜伽，对于产后身材恢复有一定帮助。

饮食以
清淡为主

有哺乳需求的新妈妈要多补充蛋白质、维生素和水分，可促进乳汁分泌。饮食上以清淡为主，既容易消化，还不会使身体储存更多脂肪，加上坚持母乳喂养，可使身材慢慢恢复。

新爸爸
这样做

陪妻子做产后42天的产检，检查下身体恢复情况。与妻子共同带宝宝，每天抽一定时间高质量陪伴孩子，可增进亲子感情，还能增进夫妻感情。

哺乳妈妈的补钙佳品
虾皮疙瘩汤

🕐 15分钟　🖐 中等　🔥 中

主料

面粉50克 ┊ 番茄1个（约200克）
鸡蛋2个 ┊ 虾皮5克

辅料

小葱2根 ┊ 盐2克 ┊ 香油1/3茶匙 ┊ 油2汤匙

做法

❶ 番茄和小葱洗净，番茄切小块，葱切葱花。

❷ 面粉中慢慢加水，边加边搅拌，直到所有面粉成絮状。

❸ 虾皮用水冲洗一下，鸡蛋磕入碗中打散。

❹ 炒锅中倒油，烧至五成热，放虾皮和一半葱花炒香。

❺ 放入番茄，加盐，翻炒至变软、出汤汁。

❻ 加入约1500毫升水，大火烧开，下入面疙瘩。

❼ 用勺子将面疙瘩搅匀，淋入蛋液。

❽ 放葱花和香油，即可出锅。

营养贴士

产后也要适当补钙，可防止腰酸背痛、牙齿松动等，富含钙质的食物有芝麻、虾皮、牛奶等。

烹饪秘籍

1. 拌面疙瘩时一定要慢慢倒水，才能拌出小小的疙瘩。
2. 要选顶部圆润的番茄，有棱形的是催熟的，口感差点。

疙瘩汤中加一把虾皮，不仅可以提鲜，还有很好的补钙作用。适当补钙能使新妈妈身体更健康，母乳喂养的宝宝也能吸收更多的钙质、促进骨骼发育。

轻松喝出小蛮腰
丝瓜蛋花汤

⏱ 15分钟　🍳 简单　🔥 中

主料
丝瓜1根（约300克）：鸡蛋2个

辅料
大蒜2瓣：小葱1根：盐2克：油1.5汤匙

做法

① 丝瓜洗净、去皮，切滚刀块。

② 鸡蛋磕入碗中打散，大蒜切末，葱切葱花。

③ 锅中倒油，烧至五成热，放蒜末炒出香味。

④ 放丝瓜块和盐，炒至变软，加约1000毫升清水。

⑤ 大火烧开，改小火，淋入蛋液。

⑥ 再次煮开后关火，撒入葱花即可享用。

营养贴士
丝瓜有一定的催乳作用。但食物只是辅助，还要宝宝多吮吸，才能更好地促进乳汁分泌。

烹饪秘籍
1. 淋蛋液时要边用筷子搅拌，边慢慢淋入，可做出漂亮蛋花。
2. 丝瓜要选硬的，最好是有花的，捏起来软软的不新鲜。

坐月子期间，各种鱼汤肉汤喝腻了吧？来碗清爽的瘦身汤，让你喝出小蛮腰，恢复少女身材，当然还要多运动，才能使身材恢复得更好。

甜蜜蜜的养胃粥
红薯小米粥

🕐 30分钟　👐 简单　🔥 中

📋 红薯用来煮粥不仅可以增加营养，还能改善小米粥的口感，整锅粥都会变得甜蜜蜜，美味又养胃。

主料

小米100克；红薯300克

营养贴士

小米粥可滋补养胃，红薯所含膳食纤维可促进肠胃蠕动，排出毒素，使身体更健康。

做法

❶ 红薯去皮、洗净，切滚刀块。

❷ 小米清洗2遍，沥水备用。

❸ 汤锅中加入约1500毫升水，大火烧开。

❹ 放入小米和红薯，改为小火煮30分钟即可。

烹饪秘籍

1. 淘米次数不宜过多，否则会造成营养流失。
2. 煮粥中途可用勺子搅拌几下，防止红薯粘锅。

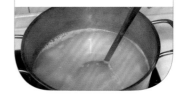

无法抗拒的饮品

香蕉奶昔

⏱ 5分钟　🍴 简单　🔥 中

📺 一根香蕉，一盒牛奶，分分钟变成一杯香浓好喝的饮品。想喝奶昔再也不用去外面买了，可随自己喜好放点坚果或麦片，口感会更丰富。

主料

香蕉1根：牛奶250毫升

营养贴士

食用香蕉会产生饱腹感，可以减少主食的摄入，从而达到少食减重的目的。香蕉本身甜度较高，每天食用量不要超过2根。

做法

❶ 香蕉去皮，切成小段。

❷ 香蕉和牛奶放入搅拌机中。

❸ 启动搅拌机，约30秒就成奶昔了。

❹ 倒入杯子中，开始享用吧。

烹饪秘籍

1. 可加蜂蜜或白砂糖进行调味。
2. 要选熟透的香蕉，喝起来会更香甜。

比肉还好吃
豆芽炒粉条

⏱ 15分钟　🥄 中等　🔥 低

主料

黄豆芽250克┊红薯粉条50克

辅料

大蒜2瓣┊小葱2根┊蚝油1汤匙
生抽1汤匙┊盐2克┊油2汤匙

做法

❶ 提前把红薯粉条泡发，泡至无硬心即可。

❷ 红薯粉条放开水中煮5分钟，捞出过凉水。

❸ 大蒜切片，小葱切葱花。

营养贴士

黄豆芽富含维生素C和维生素E，可以帮助新妈妈淡化色斑和妊娠纹，改善气色；粉条主要成分是淀粉，能为身体补充能量，增强体质。

❹ 黄豆芽清洗干净，沥水备用。

❺ 锅中倒油，烧至五成热，放蒜片炒出香味。

❻ 放入黄豆芽，加生抽、蚝油和盐翻炒均匀。

烹饪秘籍

1. 红薯粉条提前煮一下，炒时更易熟。
2. 蚝油有提鲜的作用，可使这道菜更美味。

❼ 加小半碗水，放入红薯粉条。

❽ 翻炒至汤汁收干，撒入葱花，即可出锅。

爽脆的黄豆芽、筋道的粉条。由于蚝油的加入，竟然令人有种吃肉的感觉。粉条吸足汤汁，味道浓郁，这是超好吃的一道下饭菜。

营养减肥餐
什锦大拌菜

🕐 10分钟　💪 简单　🔥 低

主料

苦菊50克┊圣女果10颗┊橙子1个
虾8只┊鸡蛋1个

辅料

苹果醋2汤匙┊白糖1汤匙┊橄榄油1茶匙

做法

❶ 苦菊洗净，去掉根部，用手掰成小块。

❷ 圣女果洗净，对半切开。

❸ 鸡蛋煮8分钟，捞出，剥皮，切成四瓣。

营养贴士

蔬菜和水果可为新妈妈补充多种维生素；虾和鸡蛋富含优质蛋白质，可增强体质，提高抵抗力。

❹ 橙子削去皮，切成小块。

❺ 虾去皮和虾线，洗净备用。

❻ 锅中烧开水，放虾煮至变红，捞出。

烹饪秘籍

1. 蔬菜可随意添加，不可生吃的蔬菜需先焯水。
2. 随拌随吃，放时间长了就不好吃了。

❼ 将处理好的所有食材放入沙拉碗中。

❽ 放入苹果醋、白糖和橄榄油，拌匀即可。

怎样吃能减肥还不影响喂奶？这道营养丰富的大拌菜就能做到。有菜、水果、鸡蛋和虾，脂肪含量低，是哺乳期很棒的减肥餐。

清脆爽口的开胃菜
黄瓜炒鸡蛋

⏱ 10分钟　🌱 简单　🔥 中

主料
黄瓜1根（约150克）：鸡蛋2个

辅料
小葱1根：盐2克：油2汤匙

做法

❶ 黄瓜洗净、去皮，切菱形片；小葱切葱花。

❷ 鸡蛋磕入碗中，放入葱花，打散备用。

❸ 锅中倒油，烧至七八成热，倒入蛋液。

❹ 待蛋液凝固后，快速炒散。

❺ 放入黄瓜片，快速翻炒。

❻ 加盐调味，炒匀即可出锅。

营养贴士
黄瓜所含的丙醇二酸可抑制糖类转变为脂肪，可帮助新妈妈减肥。

烹饪秘籍
1. 黄瓜去皮，吃起来口感更爽脆。
2. 不宜炒太久，时间太长黄瓜就不脆了。

黄瓜除了凉拌，用来炒菜也非常美味。再配两个鸡蛋炒一炒，十分钟做出一道秘制下饭菜，清脆爽口、不油腻。

香气浓郁，软烂入味
排骨炖豆角

🕐 1.5小时　🍳 中等　🔥 高

主料

排骨500克｜豆角300克

辅料

盐1茶匙｜生抽2汤匙｜老抽1/2茶匙｜白糖1汤匙｜料酒1汤匙
姜2片｜小葱2根｜八角1个｜油2汤匙

做法

❶ 排骨洗净，放入冷水中，加料酒，大火烧开。

❷ 撇去浮沫，捞出，冲洗干净备用。

❸ 豆角去掉筋，洗净，切段；小葱洗净，打葱结备用。

营养贴士

排骨含优质蛋白质和钙质，能增强体质，为新妈妈补钙；豆角可健脾胃，提高产后食欲。

❹ 锅里放油，烧至五成热，放入姜片爆香后，倒入排骨炒匀。

❺ 加生抽、老抽和白糖，炒至排骨表面上色均匀。

❻ 倒入没过排骨的清水，放入葱结和八角，大火煮开。

烹饪秘籍

1. 买排骨时请店老板剁成小块，回家洗洗就能做菜了。
2. 收汁时用铲子不停搅拌，可使上色更均匀。

❼ 改为小火焖煮30分钟，放豆角和盐，再煮20分钟。

❽ 打开锅盖，大火收汁，即可盛出享用。

排骨和豆角相互融合，豆角充分吸收了汤汁的香味，排骨融入了豆角的清香，肉质鲜嫩，香而不腻，拌着米饭吃，香极了！

清清淡淡的口味
肉末蒸冬瓜

🕐 20分钟 🍳 中等 🔥 低

主料

冬瓜300克 ┊ 猪肉末50克

辅料

香葱2根 ┊ 生抽1/2汤匙 ┊ 盐2克 ┊ 蒸鱼豉油1/2汤匙
香油少许

做法

❶ 香葱洗净，将葱白和葱叶分开，分别切碎。

❷ 猪肉末中放入葱白碎、生抽和盐，搅匀，腌几分钟。

❸ 冬瓜洗净，去皮、去瓤，切成约5毫米厚的片。

营养贴士

冬瓜有清热去火、消肿利尿的作用，可帮助新妈妈缓解水肿症状。

❹ 切好的冬瓜片叠加摆放在盘中。

❺ 将猪肉馅均匀铺在冬瓜片上。

❻ 放入烧开水的蒸锅中，大火蒸10分钟。

烹饪秘籍

1. 放点蒸鱼豉油可提味提鲜，没有可不放。
2. 蒸的具体时间可根据冬瓜片的厚度自行调整。

❼ 取出，淋上蒸鱼豉油及少许香油。

❽ 撒上香葱碎装饰，即可享用。

酸甜开胃，香而不腻

糖醋里脊

🕐 40分钟 　🥄 中等 　🔥 高

主料

猪里脊肉250克 ┊ 鸡蛋1个

辅料

淀粉30克 ┊ 番茄酱3汤匙 ┊ 白糖1汤匙
盐1/2茶匙 ┊ 白醋2茶匙 ┊ 料酒1汤匙
水淀粉3汤匙 ┊ 熟白芝麻少许 ┊ 油适量

做法

❶ 里脊肉用刀背将两面拍松，切成小拇指粗细的条状。

❷ 往里脊肉中打入一个鸡蛋，加料酒和一半的盐抓匀，腌制15分钟。

❸ 腌好的里脊肉裹上适量淀粉，抖掉多余的淀粉备用。

营养贴士

酸甜的口感能帮助新妈妈开胃；猪肉富含优质蛋白质和铁质，能增强体质，补气血。

❹ 锅中倒油，烧至五六成热，改小火，下入里脊肉，炸至淡黄色捞出。

❺ 将炸好的里脊肉再次倒入锅中复炸，炸至表面金黄，捞出控油。

❻ 锅中留少许油，放入番茄酱、白醋、白糖、剩余盐、水淀粉和小半碗水。

❼ 将糖醋汁煮开后，下入炸好的里脊肉，翻炒均匀。

❽ 出锅，撒上少许熟白芝麻，即可享用。

这道菜口味酸甜，一口咬下去，外酥里嫩，一点都不油腻，非常好吃。

肉质软烂没腥味
魔芋烧鸭

🕐 1小时 　🍳 中等 　🔥 高

主料

鸭1/2只（约800克）　魔芋豆腐300克

辅料

大蒜2瓣　姜3片　八角1个　料酒1汤匙　盐1茶匙
生抽2汤匙　老抽1茶匙　冰糖5粒　油2汤匙

做法

❶ 鸭子切块，用清水
多洗几遍；魔芋豆腐
切小块。

❷ 鸭块放冷水锅中，
煮至水开后，撇去浮
沫，捞出。

❸ 另起锅，加适量水
烧开，放魔芋豆腐煮2
分钟，捞出。

营养贴士

魔芋豆腐富含膳食纤维，能
清肠排毒；鸭肉的蛋白质含
量高，可增强体质，有利于
产后恢复。

❹ 锅中倒油，放姜蒜
和八角爆出香味。

❺ 放入鸭块，炒至
表面微微焦黄，放生
抽、老抽和冰糖，炒
至上色。

❻ 加没过鸭块的水，
放料酒，大火烧开。

烹饪秘籍

1. 鸭块一定要焯水，可去
掉杂质和腥味。
2. 魔芋豆腐焯水可去掉里
面的碱味，吃起来口感
更好。
3. 最后一步可留少许汤汁
拌饭，不喜欢汤汁的可
大火收汁。

❼ 改为小火煮30分钟，
放入魔芋豆腐和盐。

❽ 继续小火焖煮20分
钟，开盖即可享用。

魔芋烧鸭是四川地区的特色菜，魔芋酥软细腻，鸭肉香嫩入味，吃过就忘不了。川菜一般都会放郫县豆瓣酱，比较辣，月子期应清淡饮食，所以就有了这个改良版的魔芋烧鸭。

干烧笋丁大黄花

30分钟　中等　中

主料

大黄鱼1条（约500克）：竹笋300克

辅料

细香葱3根：大蒜2瓣：姜3片：生抽1汤匙：料酒1汤匙
白糖1/2茶匙：盐1茶匙：油2汤匙

做法

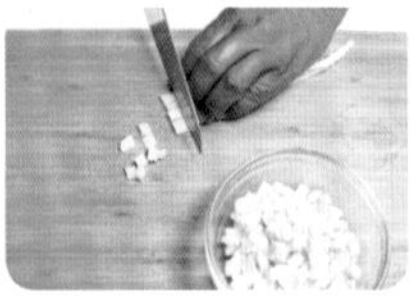

❶ 竹笋去皮，切去根部老的部分，洗净，切成1厘米见方的丁。

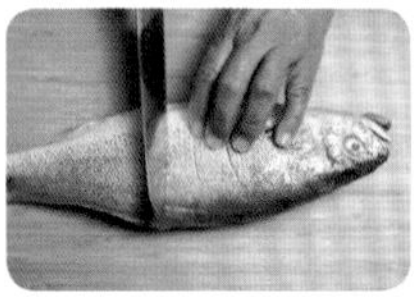

❷ 黄鱼洗净腹腔内的膜，沥水，在鱼的两面各划几刀；姜切片。

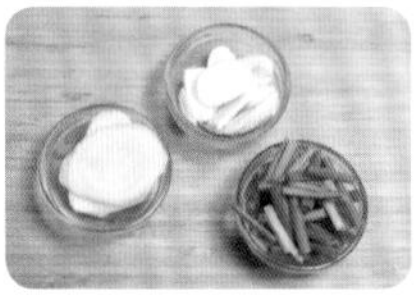

❸ 细香葱洗净，切段，大蒜切片。

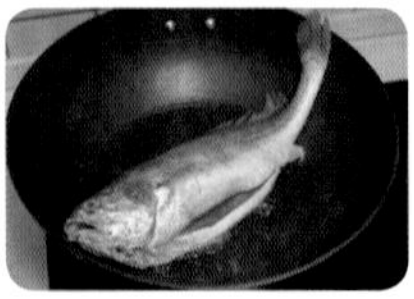

❹ 锅中倒油，烧至五成热，摆上姜片，放入黄鱼，小火慢煎。

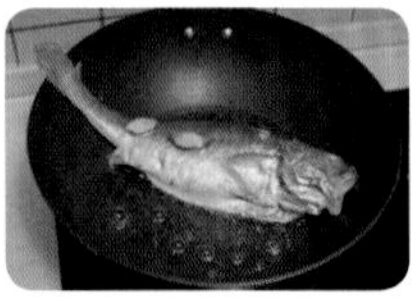

❺ 煎到一面金黄，翻面煎另一面，煎至两面金黄盛出。

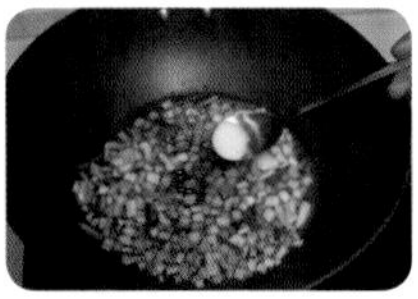

❻ 用锅中余油爆香葱和蒜片，放笋丁炒匀，加生抽、料酒、盐和白糖。

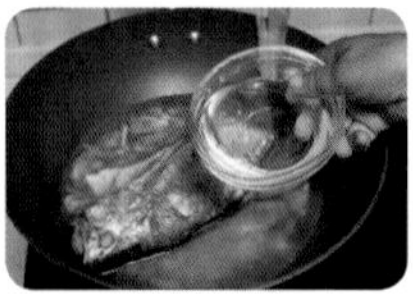

❼ 放入煎好的黄鱼，加入没过鱼一半的水，大火烧开，改小火焖15分钟。

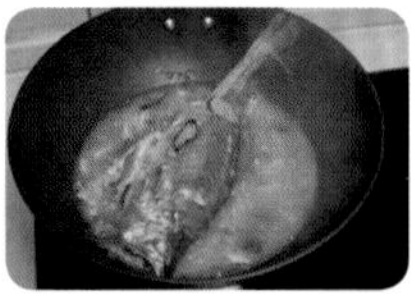

❽ 大火收汁，即可盛出享用。

营养贴士

竹笋含丰富的膳食纤维，可帮助消化、清肠排毒；黄鱼富含优质蛋白质，特别适合产后滋补，对产后体虚有一定改善作用。

烹饪秘籍

1. 煎鱼时垫姜片可防止鱼粘锅，还能去腥提香。
2. 最后收汁时不用收太干，留点汤汁拌饭好吃。

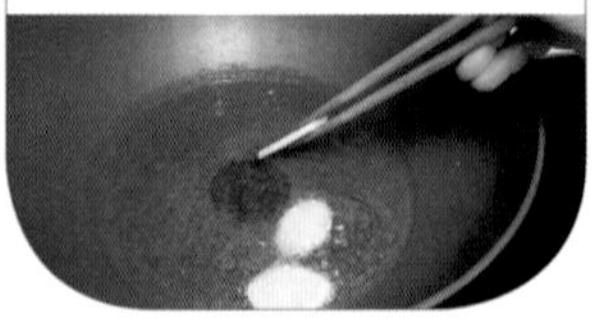

黄鱼肉质鲜嫩，搭配清香爽脆的竹笋，鲜香滋味融入一锅，味道一级棒。

这样做太好吃了
番茄鸡蛋饼

⏱ 15分钟　🥄 简单　🔥 中

主料

番茄1个（约150克）
鸡蛋2个 ┊ 面粉80克

辅料

小葱1根 ┊ 盐2克 ┊ 油1汤匙

做法

❶ 用刀在番茄顶端切十字，放入开水锅中烫一下。

❷ 去掉番茄皮，切小丁；小葱洗净、切碎。

❸ 取深一点的容器，放入番茄丁和小葱碎。

❹ 打入鸡蛋，放面粉和盐，搅拌均匀至无干粉。

❺ 平底锅放少许油，用小勺舀入面糊，形成一个个小饼。

❻ 煎至一面定形后，翻面，煎至两面金黄即可盛出。

营养贴士

番茄味道酸甜可口，很适合食欲不佳的新妈妈食用。番茄富含维生素C和番茄红素，有淡化妊娠纹、美容养颜的作用。

烹饪秘籍

1. 番茄切十字花刀后，用开水烫、火烤，或用微波加热，均有助于去皮。
2. 切番茄丁时越小越好，切得太大，烙出的饼不光滑。

番茄鸡蛋大家都吃过，用番茄和鸡蛋做的饼，你是否吃过呢？酸酸甜甜的味道有很好的开胃作用，搭配一杯牛奶，就是一道营养早餐。

松软香甜，一看就会
南瓜发糕

⏱ 2小时　👩‍🍳 中等　🔥 高

主料

南瓜150克｜面粉200克

辅料

酵母粉2克｜牛奶80毫升｜白砂糖20克｜蔓越莓干30克｜油少许

做法

❶ 南瓜洗净，去皮，切厚片，放锅中蒸熟。

❷ 用勺子将南瓜压成泥，凉至温热不烫手。

❸ 蔓越莓干用温水泡发，切碎备用。

营养贴士

发糕香甜松软，易消化，主要成分是面粉，含有丰富的碳水化合物，能为哺乳期新妈妈提供能量。

❹ 所有食材放一起，用刮刀翻拌均匀。

❺ 取一个深点的容器，内壁刷油，把发糕糊放进去。

❻ 震动容器，使发糕糊表面变平整，放温暖处发酵至2倍大。

❼ 放入烧开水的蒸锅中，中火蒸25~30分钟，关火后闷5分钟。

❽ 取出，稍微凉一下，脱模，切块食用。

烹饪秘籍

1. 面糊比较黏稠，借助刮刀来操作会方便一些。
2. 模具涂抹少许油，可使脱模时很轻松。
3. 蒸熟后再虚蒸一会儿，可防止发糕塌陷。
4. 南瓜还可换成紫薯、红薯等，方法相同。

用南瓜做发糕，不仅颜色漂亮，口感也更加香甜。
做起来比蒸馒头还简单，松软香甜，好吃不上火。

膳食均衡营养全
三鲜包子

⏱ 2小时　🍳 高级　🔥 高

主料

西葫芦1个（约400克）｜鸡蛋3个
虾仁100克｜面粉500克

辅料

小葱2根｜盐1.5茶匙｜油3汤匙｜生抽1汤匙
料酒1茶匙｜酵母粉5克

做法

❶ 面粉和酵母粉混合，加温水和成面团，发酵至2倍大。

❷ 虾仁用牙签去掉虾线，洗净，用料酒腌制片刻。

❸ 西葫芦洗净后擦成细丝，加1/2茶匙盐腌制。

❹ 虾仁切碎，小葱洗净、切葱花，鸡蛋磕入碗中打散。

❺ 锅中倒油，烧至七八成热，放鸡蛋液快速炒成鸡蛋碎。

❻ 西葫芦挤干水分，与虾仁碎、鸡蛋碎混合在一起。

❼ 放葱花、1茶匙盐和生抽，拌匀成馅料。

❽ 取出发酵好的面团，揉光滑，搓条切成小剂子。

❾ 擀成包子皮，放入馅料，捏成包子，二次醒发20分钟。

❿ 蒸锅烧开水，将包子放入锅中蒸，中火蒸15分钟，关火闷3分钟再开盖即可。

营养贴士

包子富含碳水化合物，能帮助新妈妈改善食欲，增加营养，有利于产后恢复。

烹饪秘籍

1. 面团用温水和面，发酵会快一些。
2. 三鲜馅可自己换食材，喜欢吃什么就放什么。
3. 蒸熟后关火闷几分钟，可防止包子突遇冷空气而回缩。

188

哺乳妈妈的饮食一定要膳食均衡，才能使身体更健康，给宝宝提供更有营养的乳汁。三鲜包子有蔬菜、鸡蛋和大虾，多种食材汇集在一起，美味又营养。

西餐轻松做

懒人厨房

烤箱料理

好吃懒做

懒人快手营养早餐

懒人下面条

花样烤箱料理

懒人健康菜

烤着吃才香

烤箱轻食

懒人快手做一餐

米饭最佳伴侣

米饭爱小炒

烘焙情节

好汤好菜

意面和比萨

不可一日无肉

零失败家常菜

回家吃饭

一碗好酱 一桌好菜

蒸炖煮一本全

鱼 我所欲也

原汁原味好吃蒸菜

清粥小菜

麻辣鲜香爱嘴川菜

花样主食

晚餐请吃七分饱

午餐

爱吃馅

在家吃火锅

面包上的100种早餐

果汁和果酱

图书在版编目（CIP）数据

萨巴厨房. 月子期营养食谱 / 萨巴蒂娜主编. —北京：
中国轻工业出版社，2020.2

ISBN 978-7-5184-0774-3

Ⅰ. ①萨… Ⅱ. ①萨… Ⅲ. ①产妇 – 妇幼保健 – 食谱
Ⅳ. ① TS972.12

中国版本图书馆 CIP 数据核字（2019）第 298890 号

责任编辑：高惠京　　责任终审：张乃東　　整体设计：锋尚设计
策划编辑：龙志丹　　责任校对：李　靖　　责任监印：张京华

出版发行：中国轻工业出版社（北京东长安街6号，邮编：100740）
印　　刷：北京博海升彩色印刷有限公司
经　　销：各地新华书店
版　　次：2020年2月第1版第1次印刷
开　　本：710×1000　1/16　印张：12
字　　数：200千字
书　　号：ISBN 978-7-5184-0774-3　定价：49.80元
邮购电话：010-65241695
发行电话：010-85119835　传真：85113293
网　　址：http://www.chlip.com.cn
Email：club@chlip.com.cn
如发现图书残缺请与我社邮购联系调换
190813S1X101ZBW